Chandra Sekhar Akila
Ramachandra Reddy Arjula

Tolerância à seca no arroz: Uma abordagem de genética molecular

Chandra Sekhar Akila
Ramachandra Reddy Arjula

Tolerância à seca no arroz: Uma abordagem de genética molecular

ScienciaScripts

Cover image: www.ingimage.com

This book is a translation from the original published under ISBN 978-3-659-86325-7.

Publisher:
Sciencia Scripts
is a trademark of
Dodo Books Indian Ocean Ltd. and OmniScriptum S.R.L publishing group

120 High Road, East Finchley, London, N2 9ED, United Kingdom
Str. Armeneasca 28/1, office 1, Chisinau MD-2012, Republic of Moldova, Europe
Managing Directors: Ieva Konstantinova, Victoria Ursu
info@omniscriptum.com

Printed at: see last page
ISBN: 978-620-8-39070-9

LISTA DE CONTEÚDOS

LISTA DE ABREVIATURAS

CTAB	Cetyltrimethyl Ammonium Bromide
RNase	Ribonuclease
DHLs	Doubled Haploid Lines
RILs	Recombinant Inbred Lines
dNTPs	Deoxyribo Nucleic Acid
SSR	Simple Sequence Repeat
RM	Rice Microsatellite
QTLs	Quantitative Trait Loci
C	Control
S	Drought stress
FLA	Flag Leaf Area
SLA	Specific Leaf Area
SLW	Specific Leaf Weight
DB	No. of Days to Boot
DPE	No. of Days to Panicle emergence
DH	No. of Days to Heading
DM	No. of Days to Maturity
GW	Grain weight (g/plant)
STWt	Straw weight (g/plant)
SHWt	Shoot weight (g/plant)
HI	Harvest index
CFSWt	Completely filled 1000 seed weight
PFSWt	Partially filled 1000 seed weight
SS	Spikelet sterility
CBF	C-repeat Binding Factor
BLAST	Basic Local Alignment Search Tool
NCBI	National Center for Biotechnology Information
ESTs	Expressed Sequence Tags
MAPK	Mitogen Activated Protein Kinase
MAPX	Maize Ascorbate Peroxidase
MT	Metallothionein
EDTA	Ethylenediamine Tetra Acetic acid
DREB	Dehydration Responsive Element Binding protein
RWC	Relative Water Content
SNP	Single Nucleotide Polymorphism
TBE	Tris-Borate-EDTA
UTR	Un-Translated Region

1. INTRODUÇÃO

O arroz é uma das mais importantes culturas alimentares de base, fornecendo 35-60% das calorias a 2,7 mil milhões de pessoas em todo o mundo. Mais de 90% do arroz do mundo é produzido e consumido na Ásia. Ocupa cerca de um terço da superfície mundial total plantada com cereais, que são cultivados numa vasta gama de condições agro-ecológicas. As publicações recentes das Nações Unidas indicam que a população mundial aumentará 35%, passando de 5,69 mil milhões em 1995 para 7,67 mil milhões em 2020. O aumento será superior a 95% nos países em desenvolvimento, cuja quota-parte da população mundial está estimada em cerca de 84% até 2020. Durante esse período, o aumento absoluto da população será mais elevado na Ásia, onde o arroz tem de satisfazer em grande medida as suas necessidades alimentares (Pinstrup-Anderson *et al.,* 1996). Atualmente, estima-se que a produção de arroz seja de cerca de 80 milhões de toneladas, ao passo que a procura deverá atingir 125 milhões de toneladas até 2020. Por conseguinte, é necessário desenvolver novas ferramentas e estratégias de produção de arroz baseadas no conhecimento para satisfazer esta procura.

O stress hídrico é um grave fator limitante da produção de arroz e da estabilidade do rendimento nas zonas de cultivo de arroz de sequeiro (Dev e Upadhyaya, 1996; Nguyen *et al.,* 1997). É definido como a indisponibilidade de uma quantidade adequada de água necessária para que uma planta cresça normalmente e complete o seu ciclo de vida. Cerca de 28% do arroz do mundo é cultivado em terras baixas de sequeiro (Khush, 1997), que frequentemente sofrem um grave défice de água devido a padrões de distribuição de precipitação incertos e irregulares, resultando em graves perdas de rendimento. Cerca de 36 milhões de hectares de terra no Sul e Sudeste Asiático são cultivados com arroz de sequeiro em terras baixas, que recebem uma quantidade inadequada de chuva durante pelo menos uma parte da estação (Khush, 1997). Quase um terço das terras altas do mundo recebe menos precipitação do que o normal e está frequentemente sujeito a stress hídrico, pelo menos durante uma parte da estação de crescimento. (Kramer, 1980; Boyer, 1982; Evenson *et al.,* 1996).

As abordagens convencionais, principalmente o melhoramento vegetal, resultaram no desenvolvimento de cultivares resistentes à seca, adequadas para uma utilização generalizada em zonas propensas à seca. As estratégias de melhoramento contribuíram, embora de forma inadequada e lenta, para minimizar as perdas de rendimento devidas à seca (Ribaut *et al.,* 1997). O desenvolvimento de cultivares com elevado rendimento de grãos em ambientes heterogéneos tem sido o principal objetivo dos criadores de arroz, o que levou a progressos no desenvolvimento de cultivares tolerantes à seca. Os efeitos combinados de factores ambientais variáveis com a variação genotípica para caraterísticas resistentes à seca, a interação genótipo-ambiente (G X E) para o rendimento são geralmente grandes no arroz de sequeiro de terras baixas e de terras altas (Fukai e Cooper, 1995). A possibilidade de melhorar a ampla adaptação do arroz de sequeiro foi estudada em pormenor (Fukai e Cooper, 1995, Nguyen *et al.*, 1997). Dado que a superfície líquida cultivada com arroz e os recursos hídricos são limitados, não é possível aumentar a superfície cultivada em regime de regadio. A identificação de caracteres (genes) de tolerância à seca e de potencial de rendimento inexplorados em raças e variedades de terra e a sua introdução em programas de melhoramento são tarefas prioritárias para sustentar a produção de arroz em zonas propensas à seca. Alguns dos principais objectivos para os criadores de arroz para ambientes propensos à seca são: (i) identificação e introdução de novas variedades ou acessos no programa de melhoramento; (ii) adaptação de um novo tipo de planta com caraterísticas fisio-morfológicas mais eficientes para a tolerância ao stress; (iii) desbloqueio de alelos superiores escondidos nas raças autóctones e espécies selvagens de arroz; e (iv) identificação e engenharia de genes e vias para a tolerância à seca.

Os avanços na tecnologia de marcadores moleculares, em combinação com a fenotipagem de precisão (experiências fisiológicas) e a genómica funcional, ajudarão a identificar segmentos genéticos (genes) associados à tolerância à seca no arroz. O melhoramento molecular tem várias vantagens sobre a seleção convencional baseada no fenótipo para acelerar os programas de melhoramento. Mapas de ligação genética saturados (com marcadores espalhados por todo o genoma) em combinação com experiências de fenotipagem precisas e estatísticas permitiriam a deteção e caraterização de genes em QTL. Com a disponibilidade da sequência completa do genoma, de mapas genéticos saturados e de uma boa cobertura de EST, o arroz serve de planta modelo para identificar segmentos genéticos que controlam caraterísticas complexas, como a tolerância ao stress hídrico no campo e a estabilidade da produção, que, por sua vez, podem ser utilizados para a análise genética comparativa de gramíneas.

Nesta tese, comecei por gerar e adicionar novos marcadores SSR e efectuei análises de diversidade e saturação de mapas de uma população de mapeamento de arroz de linha duplamente haploide derivada do cruzamento CT9993-5-10-1/IR62266-42-6-2. Utilizei estes marcadores e mapas para identificar QTLs para caraterísticas morfológicas, fenológicas e relacionadas com a produção sob stress hídrico no campo. Também investigámos a utilização potencial de ESTs desenvolvidos a partir de plântulas de arroz sujeitas a stress hídrico e o desenvolvimento de um novo tipo de marcadores (marcadores PCR baseados em ESTs) e a sua utilidade na análise da diversidade de genótipos de arroz e na saturação de mapas utilizando uma população de mapeamento bem definida.

Sendo o arroz o primeiro cereal importante com um genoma totalmente sequenciado, o próximo passo lógico é explorar essa vasta informação genética para compreender a função dos genes. Esta informação pode ser utilizada para o desenvolvimento e mapeamento de novos marcadores e, em última análise, para a identificação de genes que controlam QTL(s) para caraterísticas complexas. A informação sobre a sequência pode também ser utilizada para avaliar a variação natural entre genótipos que diferem nos mecanismos de tolerância à seca. Isto pode fornecer uma ajuda valiosa na identificação de alelos superiores em loci-alvo. Uma vez identificados os alelos inferiores/superiores de um ou mais genes candidatos à tolerância à seca, estes podem ser utilizados no melhoramento genético de precisão de variedades de arroz para obter um melhor desempenho sob stress hídrico. O presente estudo trata principalmente da saturação do mapa da população internacional de linhas haplóides duplas (DHL) de arroz com SSRs e outros marcadores, e da identificação de loci de caraterísticas quantitativas (QTLs) associados a caraterísticas morfológicas, fenológicas e de rendimento em condições de stress hídrico no terreno. Tendo em conta a utilização de mapas saturados em programas de identificação de QTL e o potencial ilimitado dos recursos EST no desenvolvimento de novos marcadores específicos de genes, a sua aplicação na análise da diversidade, a saturação de mapas e a marcação de QTL para identificar e clonar alelos superiores através da clonagem baseada em mapas, o presente estudo foi realizado com os seguintes objectivos específicos

1. **Mapeamento molecular e saturação do mapa da população de linhas haplóides duplas de arroz gerada a partir do cruzamento CT9993 / IR62266 com marcadores microssatélites (SSR) e EST-PCR.**

2. **Mapeamento de QTLs associados a marcadores para caraterísticas morfológicas, fenológicas e relacionadas com a produção em condições de stress hídrico no campo.**

3. **Utilização de ESTs como fonte de desenvolvimento de novos marcadores e de mapeamento genético seletivo.**

4. **Avaliar a variação alélica nas regiões codificantes e não codificantes de genes candidatos putativos selecionados para a tolerância à seca em cultivares de arroz de elite utilizados em programas de melhoramento.**

5. **Estimativa da diversidade genética entre dezassete genótipos de arroz, utilizados no programa de melhoramento do arroz, utilizando dados de marcadores SSR e EST-PCR.**

2. REVISÃO DA LITERATURA

O arroz é uma das culturas alimentares mais básicas do mundo e é cultivado numa vasta gama de condições agro-ecológicas. O crescimento e a produção do arroz são limitados por várias pressões, em particular a seca, que por si só pode causar perdas substanciais de rendimento. O traço de tolerância à seca é, por si só, complexo e os seus componentes são de hereditariedade complexa, governados por um número de genes com efeitos pequenos. O rendimento e os componentes do rendimento sob stress hídrico seguem uma herança muito mais complexa e são regidos por uma série de genes, geralmente de efeito reduzido, dispersos pelo genoma do arroz. O progresso no melhoramento do arroz para resistência a stresses abióticos como a seca tem sido lento, com apenas alguns avanços. A melhoria do rendimento e a estabilidade do rendimento são os objectivos primários mais importantes do melhoramento convencional, embora os progressos tenham sido bastante lentos.

As técnicas avançadas de marcadores moleculares e a evolução da biologia celular e molecular nas duas últimas décadas proporcionaram aos obtentores novos instrumentos, tais como i) a tecnologia do ADN recombinante para a manipulação genética e a transferência de genes através das barreiras sexuais dos genomas vegetais através da cultura de tecidos e ii) a tecnologia dos marcadores moleculares, para aumentar a rapidez e a precisão da seleção. Enquanto a transformação genética depende da disponibilidade de genes candidatos, de promotores específicos dos tecidos e de protocolos de transformação eficientes, a seleção assistida por marcadores depende da disponibilidade de novos marcadores e de mapas de ligação de alta densidade. As técnicas de marcadores moleculares surgiram como novas ferramentas fiáveis que não são afectadas pelo ambiente circundante nem pela fase de crescimento da planta (como no caso dos caracteres morfológicos). Estas podem ser aplicadas para organizar e caraterizar germoplasma, identificar cultivares, ajudar na seleção de progenitores para hibridação e reduzir o número de acessos necessários para garantir a amostragem de uma vasta gama de variabilidade genética. Estes marcadores baseados no ADN, tais como o Polimorfismo de Comprimento de Fragmentos de Restrição (Helentjaris, 1987), o ADN Polimórfico Amplificado Aleatório (Williams *et al,* 1990), os Repetidores de Sequências Simples ou Microssatélites (Jeffereys *et al.,* 1985a & b), o Polimorfismo de Comprimento de Fragmentos Amplificados (Zabeau e Vos, 1993) e os Repetidores de Sequências Inter-Simples (Zeitkiewicz, 1994), conduziram ao desenvolvimento de mapas moleculares de alta densidade para muitas espécies vegetais. Os mapas permitiram o mapeamento e a marcação de várias caraterísticas economicamente importantes. Utilizando marcadores de polimorfismo de comprimento de fragmentos de restrição (RFLP), o primeiro mapa genómico de sempre em plantas foi registado no milho (Helentjaris *et al.,* 1986; Stuber *et al.,* 1987), seguido de perto pelo tomate (Tanksley e Hewitt, 1988), arroz (McCouch *et al.,* 1988), *Arabidopsis* (Cheng *et al.,* 1988; Nam *et al.,* 1989), fava

(Van de Ven *et al.*, 1991) e cevada (Heun *et al.*, 1991).

O mapeamento de marcadores microssatélites em plantas foi iniciado por Zhao e Kochert (1992) em arroz utilizando a repetição de tri-nucleótidos $(GGC)_n$, seguido do mapeamento de repetições de di-nucleótidos por Panaud *et al.*, (1995). O primeiro relatório sobre a marcação de genes utilizando mapas de ligação molecular foi feito no tomate (Paterson *et al.*, 1988), seguido de uma série de relatórios sobre a ligação bem sucedida de caracteres de importância económica com marcadores moleculares (Schachermayr *et al.*, 1994). Estes esforços pioneiros levaram a uma melhor compreensão da genética das variações quantitativas e serviram de modelos para trabalhos subsequentes destinados a explorar a ferramenta no melhoramento de caraterísticas herdadas de forma complexa, como a tolerância à seca, o rendimento, etc. Tal como os caracteres mendelianos, os caracteres poligénicos também foram mapeados utilizando a associação de marcadores numa variedade de plantas cultivadas, incluindo o arroz (Paterson *et al.*, 1988, Mohan *et al.*, 1997, Xu *et al.*, 2000, Ni *et al.*, 2002). No arroz, foram identificados vários blocos de genes que regem caraterísticas poligénicas geneticamente complexas, como a tolerância à seca, a toxicidade do alumínio, a acumulação de ácido abscísico, o ajustamento osmótico, as caraterísticas radiculares, o rendimento e os seus componentes sob tolerância à seca (Quarrie *et al*, 1997; Ray *et al.*, 1996; Champoux *et al.*, 1995; Price *et al.*, 1997; Zheng *et al.*, 2000; Zhang *et al.*, 2001; Wu *et al.*, 2000; Hemamalini *et al.*, 2000; Toorchi *et al.*, 2003; Hitlamani *et al.*, 2002; Xiao *et al.*, 1996a & 1996b; Hayes *et al.*, 1993; Babu *et al.*, 2003).

Durante os últimos oito anos, foram identificados 150 QTLs únicos para caraterísticas morfológicas, radiculares e relacionadas com a produção de arroz sob stress hídrico no campo por vários trabalhadores (Tripathy *et al.*, 2000; Kanbar *et al.*, 2002; Lanceras *et al.*, 2004; Zhang *et al.*, 2001; Babu *et al.*, 2003; Zhang e Yu, 2001). Os QTLs que controlam o comprimento da raiz, identificados na população de mapeamento de haplóides duplos IR64/Azucena (Yadav *et al.*, 1997; Chen *et al.*, 1997), foram explorados por melhoramento convencional pelos criadores para aumentar a caraterística de raízes profundas no arroz através de retrocruzamento (Toorchi *et al.*, 2003). Muitos QTLs foram identificados por diferentes grupos na população de mapeamento da linha haploide dupla CT9993/IR62266, bem como noutras populações, para tolerância à seca e desempenho da produção em condições de stress hídrico no campo. Até à data, estão disponíveis mapas de ligação molecular em quase todas as principais plantas cultivadas, o que facilita a identificação de QTLs associados a caraterísticas complexas, dentro e fora de uma vasta espécie pertencente a diferentes géneros. Com a disponibilidade da sequência completa do genoma, mapas genéticos saturados e uma boa cobertura de EST, o arroz serve de planta-modelo para identificar segmentos genéticos que controlam caraterísticas complexas como a seca no campo e a estabilidade do rendimento que, por sua vez, podem ser utilizados para a análise genética comparativa.

A seleção contínua e os esforços de melhoramento convencional por parte dos agricultores e criadores são responsáveis pela capacidade global sustentada de obter alimentos e fibras adequados a partir de espécies vegetais domesticadas. Os esforços de reprodução têm-se baseado principalmente na disponibilidade de variação genética em colecções de germoplasma e parentes selvagens. Durante a primeira metade do século passado, os estudos sobre a variabilidade genética baseavam-se em grande medida em caraterísticas morfológicas, anatómicas e comportamentais grosseiras. Posteriormente, a partir dos anos 60, foi possível analisar a variação mais subtil dos genes, utilizando uma série de tecnologias moleculares. Desde os anos 80, tornou-se possível explorar e compreender a extensão da variação ao nível do próprio ADN. Independentemente do nível de estudo, a variabilidade - desde variações subtis no ADN até uma mudança observável no fenótipo - diferenças distintas podem ser utilizadas como marcadores genéticos para identificar caraterísticas de interesse e mapear regiões cromossómicas específicas. Desde os anos 90, os marcadores moleculares que envolvem macromoléculas como o ADN e as proteínas têm sido utilizados como complemento dos parâmetros fenotípicos.

Os avanços na tecnologia dos marcadores não só revolucionaram os métodos de análise genética, como também contribuíram grandemente para acelerar os programas de melhoramento genético com vista à melhoria de caraterísticas de hereditariedade complexa. O mais fundamental destes marcadores são os marcadores de ADN que detectam diferenças na informação genética transportada por diferentes indivíduos. A aplicação mais conhecida destes marcadores é a análise da diversidade e a construção de mapas de ligação genética, que são utilizados para identificar e marcar os QTL que regem caraterísticas agronómicas importantes. Para ser utilizado de forma eficaz, um marcador genético ou molecular associado à caraterística de interesse deve ser polimórfico entre os progenitores e herdado de forma estável.

2.1.1 Marcadores morfológicos: Estes são marcadores de primeira geração, que têm sido amplamente utilizados para desenvolver mapas em plantas. A herança destes marcadores pode ser monitorizada visualmente sem técnicas bioquímicas ou moleculares especializadas. As caraterísticas controladas por um único locus podem ser utilizadas como marcadores genéticos desde que a sua expressão seja reproduzível numa série de ambientes. Mas os grandes efeitos sobre o fenótipo causados pela maioria dos marcadores morfológicos e o efeito de máscara de gene(s) menor(es) que são poucos ou mais em número tornam-nos indesejáveis em programas de melhoramento (Tanksley, *et al.,* 1989).

2.1.2 Marcadores isoenzimáticos: Até há pouco tempo, os marcadores isoenzimáticos ou bioquímicos foram utilizados com grande sucesso em certos aspectos do melhoramento e da genética das plantas como marcadores genéticos quase neutros para a análise da variabilidade e a construção de mapas do genoma (Tanksley e Orton, 1983). O número de marcadores genéticos fornecidos pelos ensaios de isozima é insuficiente. Além disso, a expressão dependente do estádio dos loci isozimáticos provou ser uma séria limitação à utilização de isozimas como marcadores genéticos para a avaliação da diversidade genética em material de reprodução.

2.1.3 Marcadores de ADN: Na década de 1980, Botstein *et al.* (1980) referiram que seria possível encontrar numerosos marcadores genéticos estudando a própria molécula de ADN Os marcadores de ADN são ubíquos e inumeráveis, discretos e não deletérios, herdados de forma mendeliana, não são afectados pelo ambiente e estão livres de interações epistáticas e efeitos pleiotrópicos (Beckman e Soller, 1986; Tanksley, 1993; Tanksley *et al.*, 1989). A neutralidade fenotípica proporcionou uma forma mais fácil e imparcial de detetar a ligação entre marcadores segregantes e os poligenes (QTLs) e de estimar o efeito fenotípico de cada poligene (QTL) sem a interferência do locus do marcador. Atualmente, são utilizados vários tipos de marcadores de ADN para o mapeamento e marcação de caraterísticas agronómicas importantes e técnicas de seleção assistida por marcadores numa grande variedade de plantas. Os marcadores de ADN estão a revelar-se úteis no rastreio de populações segregantes com precisão em programas de melhoramento de culturas. Uma vez mapeados, estes marcadores bem definidos permitem a dissecação de caraterísticas complexas com maior precisão em unidades genéticas componentes (Hayes *et al.*, 1993), fornecendo assim aos obtentores novos instrumentos para gerir caraterísticas complexas de forma mais eficiente. A utilização potencial de vários tipos de marcadores de ADN, como o Polimorfismo de Comprimento de Fragmentos de Restrição (RFLP) e marcadores baseados em PCR, como microssatélites, minissatélites e RAPD, e a sua utilidade são descritos mais pormenorizadamente a seguir.

2.1.3.1 Polimorfismo de Comprimento de Fragmentos de Restrição (RFLP): Os RFLP são marcadores de ADN, com diferenças na sequência de nucleótidos (locais de restrição) no ADN de dois genótipos diferentes. Essas diferenças podem resultar de mutações pontuais, deleções, inserções ou rearranjos de sequência que podem ter ocorrido durante o curso da evolução e são detectadas como variação (polimorfismo) no comprimento dos fragmentos de restrição. Os RFLP são marcadores codominantes, altamente polimórficos, fiáveis na análise de ligação e no processo de seleção. Podem ser utilizados para estudar a natureza das caraterísticas ligadas, ou seja, no estado hetero ou homozigótico, em que essa informação é altamente desejável, especialmente para caraterísticas recessivas. Foram utilizados ADN genómico de cópia única ou cDNA como sondas moleculares para construir mapas RFLP de plantas cultivadas, incluindo arroz (Mc Couch *et al.*,1988; Saito *et al.*, 1991), milho (Helentjaris, 1987), alface (Landry *et al.*, 1987), soja (Keim *et al.*, 1990), tomate (Yang e Tanksley, 1989), batata (Gebhardt *et al.*, 1989) e trigo (Cho *et al.*, 1989). Os mapas genéticos baseados nestes marcadores têm muitas aplicações no melhoramento vegetal. Mapas genéticos densos desenvolvidos com estes marcadores foram utilizados para identificar QTL que controlam a eficiência do uso da água (Martin *et al.*, 1989), a tolerância ao sal (Breto *et al.*, 1994) no tomate; respostas à seca (Lebreton *et al.*, 1995), intervalo antese-silking (Ribaut *et al.*, 1996), rendimento do grão (Austin e Lee, 1996) no milho; rendimento (Kjaer e Jensen, 1996), tolerância ao frio (Oziel *et al.*, 1996) na cevada; e foram considerados úteis na resolução de algumas das questões há muito pendentes dos estudos genéticos clássicos, como as relações intergenómicas entre o milho e o sorgo (Hulbert *et al.*, 1990) e entre o tomate e a batata (Bonierbale *et al.*, 1988). No arroz, os mapas RFLP foram utilizados para identificar QTLs para a altura das plantas e a data de rebentação (Li *et al.*, 1995; Xiao *et al.*, 1996b; Zhuang *et al.*, 1997), o rendimento de grãos (Xu *et al.*, 1995; Lin *et al.*, 1996; Wu *et al.*, 1996; Zhuang *et al.*, 1997), caraterísticas radiculares relacionadas com a capacidade de evitar a seca e de penetração (Champoux *et al*, 1995; Ray *et al.*, 1996), ajustamento osmótico (Lilley *et al.*, 1996), tolerância ao alumínio (Wu *et al.*, 2000), estabilidade da membrana celular (Tripathy *et al.*, 2000), caraterísticas foliares e acumulação de ABA (Quarrie *et al.*, 1997), biomassa e rendimento em condições de stress hídrico no campo (Babu *et al.*, 2003; Lanceares *et al.*, 2004). Apesar da sua utilidade, a tecnologia de marcadores RFLP é menos utilizada por ser morosa e dispendiosa.

2.1.3.2 Marcadores baseados na PCR: A reação em cadeia da polimerase (PCR), um método *in vitro* para a síntese enzimática de uma sequência específica de ADN, constitui mais um avanço significativo no domínio da biologia molecular (Mullis e Faloona, 1987). Utiliza dois iniciadores de oligonucleótidos com cerca de 10-20 nucleótidos de comprimento que se ligam especificamente a cadeias opostas que flanqueiam a região de interesse a sintetizar. Vários ciclos de desnaturação do ADN, de recozimento dos iniciadores e de extensão dos iniciadores recozidos pela ADN polimerase produzem uma amplificação exponencial de uma sequência específica de ADN, que pode então ser diretamente detectada em géis de agarose ou de acrilamida através da coloração com brometo de etídio ou prata. Existem diferentes tipos de marcadores baseados na PCR, que são úteis na cartografia do genoma e na marcação de genes:

a) ADN polimórfico amplificado aleatório: A geração de RAPDs, que são marcadores dominantes, envolve a utilização de iniciadores oligonucleotídicos curtos mas aleatórios. A amplificação do ADN com iniciadores aleatórios expõe polimorfismos que estão distribuídos por todo o genoma (Williams *et al.*, 1990). Os RAPD têm sido utilizados sobretudo na identificação de variedades, em estudos de relações genéticas e de diversidade em muitas espécies de culturas, como o arroz (Yu e Nguyen, 1994), o sorgo (Vierling *et al.*, 1994) e a soja (Mienie *et al.*, 1995). Os marcadores RAPD foram explorados em estudos de cartografia do genoma e de marcação de genes em plantas como a fava (Torres *et al.*, 1993), a alface (Kesseli *et al.*, 1994), a cevada de primavera (Thomas *et al.*, 1995), o tomate (Martin *et al.*, 1991), o arroz (Virk *et al.*, 1996), a alface (Paran *et al.*, 1991) e a Arabidopsis (Reiter *et al.*, 1992). A falta de reprodutibilidade e estabilidade, a geração de polimorfismo espúrio e a incapacidade de detetar heterozigotos são algumas das limitações dos RAPD, que podem, no entanto, ser ultrapassadas convertendo-os em marcadores RFLP codominantes para um desempenho estável.

b) Repetições de sequência simples (SSRs): São também conhecidos como Repetições em Tandem de Número Variável (VNTRs), que incluem microssatélites, minissatélites e regiões hipervariáveis. Os microssatélites são conjuntos de sequências de ADN repetidas em tandem, que se encontram dispersas pelo genoma (Jeffreys *et al.*, 1985a) e são também designados por "Sequence Tagged Microsatellite Sites (STMS)". Os microssatélites consistem em cerca de 10-50 cópias de motivos que variam de 1 a 5 pb e que ocorrem em repetição perfeita em tandem, como em repetições perfeitas ou em repetições imperfeitas (juntamente com outro tipo de repetição). Foi demonstrado que o número de repetições dos microssatélites é altamente variável nos animais e herdado de forma codominante (Litt e Luty, 1989; Johansson *et al.*, 1992). A presença de microssatélites foi documentada em muitas plantas, incluindo *Arabidopsis* (Bell e Ecker, 1994), cevada (Saghai-Maroof *et al.*, 1994), *Brassica* (Langercrantz *et al*, 1993), o milho (Condit e Hubbel, 1991; Senior e Heun, 1993), o arroz (Wu e Tanksley, 1993), a soja (Akkaya *et al.*, 1992; Morgante e Olivieri, 1993), o sorgo (Brown *et al.*, 1996; Taramino *et al.*, 1997; Dean *et al.*, 1999), o pêssego (Wang *et al.*, 2002) e o trigo (Roder *et al.*,1995). Estes marcadores foram sobretudo utilizados em estudos de relações genéticas e de diversidade em diferentes espécies vegetais, como a cevada (Sanchez dela Hoz *et al.*, 1996), o milho (Taramino e Tingey, 1996) e o arroz (Wu e Tanksley, 1993; Panaud *et al.*, 1996; Thanh *et al.*, 1999). Além disso, estes marcadores foram utilizados juntamente com outros tipos de marcadores para a cartografia do genoma e a identificação de QTL. Os mapas de ligação de marcadores moleculares de microssatélites desenvolvidos em culturas como o milho, a cevada, o trigo, o arroz, a soja, o feijão comum e *a Arabidopsis* estão a ganhar uma importância crescente nos últimos anos.

Os minissatélites compreendem uma classe de loci de número variável de repetições em tandem (VNTR), em que as sequências repetidas são curtas (<65 pb) e frequentemente ricas em GC (Jeffreys *et al.*, 1985a, b; Nakamura *et al.*, 1987). Um motivo de repetição de 15 pb no gene da proteína III do bacteriófago M13 parece ser extremamente útil na deteção de polimorfismo (Vassart *et al.*, 1987) e serve de marcador universal para a impressão digital do ADN (Ryskova *et al.*, 1988). Este marcador foi utilizado pela primeira vez em plantas para identificar regiões polimórficas em arroz asiático e africano (Dallas, 1988), enquanto uma sonda minissatélite humana, pV 47, demonstrou ser polimórfica em arroz *indica, japonês* e selvagem (Ramakrishna *et al.*, 1995).

c) Repetições de sequência inter-simples: A análise de repetições de sequência inter-simples envolve a amplificação derivada da reação em cadeia da polimerase (PCR) de regiões entre microssatélites adjacentes, inversamente orientados, utilizando um único iniciador com repetições de sequência simples (SSR) (Zietkiewicz *et al.*, 1994). Esta técnica pode ser aplicada a qualquer espécie que contenha um número e uma distribuição suficientes de motivos SSR. Outra vantagem dos marcadores ISSR é que não são necessários dados sobre a sequência genómica de um organismo (Gupta *et al.*, 1994; Godwin *et al.*, 1997). O iniciador utilizado na análise ISSR baseia-se em qualquer um dos motivos SSR (di-, tri-, tetra- ou penta-nucleótidos) que se encontram nos loci de microssatélites, dando origem a uma vasta gama de produtos de amplificação possíveis, e pode ser ancorado a sequências genómicas que flanqueiam ambos os lados das repetições de sequência simples visadas. A utilização potencial dos marcadores ISSR depende da variedade e da frequência dos microssatélites, que variam consoante a espécie e os motivos SSR visados (Morgante e Olivieri, 1993; Depeiges *et al.*, 1995). Dado que a técnica ISSR amplifica um grande número de fragmentos de ADN por reação, representando múltiplos loci no genoma, é um método ideal para a identificação de variedades de arroz e uma alternativa útil aos métodos de locus único ou baseados na hibridação (Zietkiewicz *et al.*, 1994; Godwin *et al.*, 1997). O método ISSR provou a sua utilidade, especialmente na família *das Gramíneas*, para a análise de linhas quase isogénicas (Akagi *et al.*, 1996) e variedades (Parsons *et al.*, 1997; Swathi *et al.*, 2000) de arroz, linhas consanguíneas de milho (Kantety *et al.*, 1995), populações de milho painço (Salimath *et al.*, 1995) e acessos de sorgo (Yang *et al.*, 1996).

d) Polimorfismo de Comprimento de Fragmento Amplificado: O AFLP é uma técnica com a vantagem combinada da fiabilidade do RFLP e da conveniência da PCR. Baseia-se na amplificação selectiva de fragmentos de ADN por restrição (SRFA) (Zabeau e Vos, 1993). A SRFA envolve três etapas principais: i) digestão de restrição do ADN genómico com enzima(s) de restrição; ii) ligação de adaptadores de oligonucleótidos de cadeia dupla aos fragmentos de restrição; iii) amplificação de fragmentos de restrição selectivos e análise em gel dos fragmentos amplificados. A AFLP pode ser efectuada com uma única enzima, mas os melhores resultados são obtidos quando são utilizadas duas enzimas diferentes, um cortador raro e um cortador frequente. O AFLP é um ensaio potente, fiável, estável e rápido, com aplicação potencial no mapeamento do genoma, na impressão digital do ADN e no melhoramento assistido por marcadores (Vos *et al.*, 1995). Esta técnica baseada na PCR permite a inspeção do polimorfismo num grande número de loci num período de tempo muito curto, requer quantidades muito pequenas de ADN e, acima de tudo, é altamente reprodutível. Devido a estas vantagens, os AFLP são atualmente considerados como os marcadores moleculares de eleição para a cartografia do genoma cuja sequência está ainda por desvendar. Os marcadores AFLP foram explorados em estudos de diversidade genética, cartografia do genoma e estudos de marcação de genes do arroz (Mackill *et al.*, 1996; Nandi *et al.*, 1997), cevada (Qi *et al.*, 1998), batata (De Jong *et al.*, 1997), soja (Maughan *et al.*, 1996) e girassol (Quagliaro *et al.*, 2001).

e) SCARs: A utilidade do(s) marcador(es) RAPD pode ser aumentada através da clonagem, sequenciação dos seus terminais e conceção de iniciadores mais longos para a amplificação específica dos marcadores (Paran e Michelmore, 1993). Estes são mais reprodutíveis do que os RAPD, por vezes co-dominantes e utilizados para cartografia e identificação de QTL (Nair *et al.*, 1995 e 1996).

f) Etiquetas de sequência de expressão (ESTs): Trata-se de sequências parciais de passagem única de clones de cDNA disponíveis em bases de dados públicas (www.ncbi.nlm.nih.gov) e privadas para uma série de organismos, incluindo a Arabidopsis, o arroz, o trigo, etc., que foram inicialmente introduzidas para a análise do genoma humano e, subsequentemente, amplamente utilizadas para a descoberta de genes e a estratégia de mapeamento numa vasta gama de organismos. As ESTs têm um elevado grau de conservação das sequências, uma vez que derivam de sequências codificantes, são muito úteis para alinhar mapas de ligação do genoma e comparar loci de caraterísticas quantitativas através de linhagens e espécies (espécies relacionadas à distância) do que os marcadores derivados de sequências não expressas, como os marcadores RAPD. As ESTs têm vantagens distintas em programas de mapeamento para conhecer a função codificada por esse locus, em vez de clones genómicos anónimos com função desconhecida. As etiquetas de sequências expressas em grande escala foram geradas e analisadas extensivamente em muitas espécies de plantas, incluindo o arroz (Cooke *et al.*, 1996; Yamamoto e Sasaki, 1997; Reddy *et al.*, 2002). Os ESTs têm sido amplamente utilizados como marcadores moleculares para a construção de mapas de ligação genética de alta densidade de arroz e milho (Harushima *et al.*, 1998; Davis *et al.*, 1999), para o mapa físico do arroz (Kurata *et al.*, 1999), para o estudo de famílias de genes (Epple *et al.*, 1997), para decifrar os papéis de genes regulados por transcrição em diferentes tecidos sob diferentes condições ambientais (Umeda *et al.*, 1994) e para o desenvolvimento de SNP (Picoult-Newberg, 1999; Kota, 2003). A utilização de ESTs em vez de sondas moleculares anónimas em programas de mapeamento está a ganhar importância. Esta abordagem foi incorporada na cartografia e explorada na abordagem do gene candidato para a dissecção de loci de caraterísticas quantitativas (Quarrie *et al.*, 1994). As técnicas de marcadores moleculares baseadas na amplificação por PCR do ADN de diferentes cultivares, utilizando iniciadores longos baseados em motivos de sequência conhecidos, como intrões, regiões promotoras, regiões 5' não traduzidas e regiões 3' não traduzidas, ajudarão a conhecer a variação do comprimento nas regiões visadas e podem ser efetivamente utilizadas como marcadores moleculares em programas de melhoramento e de identificação de QTL (Bhattramakki *et al.*, 2002). A utilização de marcadores EST-PCR para monitorizar a variação intrapopulacional em comparação com marcadores isoenzimáticos foi estudada em *Picea* (Schubert *et al.*, 2001) e a conversão de ESTs em marcadores baseados em PCR para estudar o polimorfismo de etiquetas de sequência expressa (ESTPS) e a sua aplicação na cartografia genética foi demonstrada em *Pinus* (Harry *et al.*, 1998; Temesgen *et al.*, 2001; Cato *et al.*, 2001).

g) SNPs: Trata-se de uma nova geração de marcadores baseados em sequências, que podem ser utilizados como marcadores genéticos simples e têm também um grande potencial na genética de associação. Podem ser identificados no interior ou na proximidade de praticamente todos os genes e podem ser utilizados para a construção de mapas genéticos baseados em haplótipos para vários estudos, como o desequilíbrio de ligação e a associação com fenótipos ou loci (QTL). Rafalski (2002) analisou a utilização de SNP na genética das culturas e a sua aplicação no melhoramento de caraterísticas quantitativas e qualitativas.

2.2 Mapeamento de populações

Vários tipos de populações de mapeamento, como F2, retrocruzamento, linhas duplamente haplóides (DHLs), linhas consanguíneas recombinantes (RILs) e linhas quase isogénicas (NILs), têm sido utilizados para a construção de mapas e programas de identificação de QTL (Knapp, 1991). A forma mais simples de desenvolver uma população de mapeamento é o cruzamento seletivo entre linhas homozigóticas (progenitores) com diferenças alélicas discretas para uma determinada caraterística morfofisiológica. Os híbridos F1 são então utilizados de várias formas para o desenvolvimento de populações de mapeamento. As DHLs e as RILs têm muitas vantagens sobre outros tipos de populações de mapeamento, uma vez que são genotipicamente homozigóticas, estáveis e são adequadas para a análise multi-local em programas de QTL (Burr e Burr, 1991; McCouch e Doerge, 1995; Champoux *et al.,* 1995; Xiao *et al.,* 1996).

2.3 Aplicação dos marcadores

Os marcadores de ADN em plantas têm sido utilizados no desenvolvimento de mapas de ligação em muitas culturas. A utilização eficiente destes marcadores genéticos é possível com o conhecimento da sua localização genómica individual, que pode ser obtida através da construção de um mapa de ligação genética. Assim, um mapa de ligação genética é uma representação gráfica de inúmeros marcadores polimórficos (loci) ao longo do cromossoma, cuja distância é expressa em centimorgans (cM), entre dois marcadores. Uma das consequências das práticas agrícolas modernas é a redução da diversidade genética do património genético primário cultivado, conduzindo ao monopólio das principais culturas. As consequências da alarmante diminuição dos recursos genéticos vegetais das principais culturas têm sido sentidas ao longo da história, com custos humanos e económicos significativos. Especificamente, o conhecimento da diversidade genética e das relações entre conjuntos de germoplasma e o mérito potencial da diversidade genética seriam benéficos sob a forma de alelos únicos e favoráveis para os criadores em todas as fases dos programas de melhoramento das culturas. A utilização da tecnologia de marcadores de ADN para gerir colecções de germoplasma foi analisada por Kresovich e McFerson (1992) e Bretting e Widrlechner (1995). A base genética e o mérito potencial do fenótipo de um acesso têm sido fundamentais nos programas de melhoramento.

Foram desenvolvidos métodos empíricos para identificar fontes de alelos favoráveis (Dudley, 1987; Gerloff e Smith, 1988) e utilizados para a seleção de caraterísticas com base em marcadores de ADN para maximizar a possibilidade de recuperar segregantes transgressivos. Foi utilizada uma variedade de marcadores para a análise da diversidade das plantas cultivadas. A diversidade isoenzimática e alozimática foi utilizada com êxito para estudar a variabilidade genética do girassol e dos seus parentes selvagens (Cronn *et al.*, 1997). Uma variedade de marcadores, RAPDs, RFLPs e SSRs foram utilizados na análise da diversidade do arroz para prever a variação quantitativa, identificar linhas de reprodução na Austrália e comparar linhas de arroz selvagem e cultivado (Virk *et al.*, 1996; Garland *et al.*, 1999; Sun *et al.*, 2001). Os marcadores RFLP e PCR derivados de genes que respondem ao stress e os SSRs foram utilizados para avaliar a diversidade genética em *Hordeum vulgare* (Maestri *et al.*, 2002).

2.4 Mapeamento de QTL

A maioria dos caracteres de importância agronómica, como a produtividade e a tolerância à seca, e os caracteres secundários, como a altura da planta, os dias até à floração, o tamanho e a forma da semente e a qualidade nutricional, são herdados quantitativamente (Allard, 1960; Hallauer e Miranda, 1988). Os caracteres, cuja variação fenotípica é contínua e determinada pela segregação de múltiplos loci, têm sido frequentemente referidos como quantitativos e a herança como poligénica (Thoday, 1961). Uma região cromossómica ligada ou associada a um gene marcador, que afecta uma caraterística quantitativa, é definida como locus de caraterística quantitativa (QTL) (Geldermann, 1975). Embora numerosos estudos quantitativos tenham revelado a importância relativa de genes com diferentes acções sobre caraterísticas quantitativas, a metodologia em si não permite a resolução da variação contínua de caraterísticas em factores mendelianos individuais subjacentes. Os avanços nos marcadores de ADN e nos mapas de ligação molecular estimularam uma nova área da genética quantitativa molecular através do mapeamento de QTL (Zhikang Li, 2002). Uma das aplicações mais importantes dos marcadores de ADN e dos mapas de ligação molecular é a dissecação da variação genética de caraterísticas quantitativas em factores mendelianos individuais através de análises de mapeamento de QTL. O mapeamento de QTL pode, assim, ser definido como a dissecção genética facilitada por marcadores da variação de fenótipos complexos através de uma conceção experimental adequada e da análise estatística do material segregante. No mapeamento de QTL, os genes que controlam a variação de caraterísticas quantitativas em populações segregantes são resolvidos em factores mendelianos individuais através da determinação do número, das posições no genoma, do efeito genético e da ação dos loci envolvidos, dos efeitos pleiotrópicos e das suas interações com outros QTL (loci) e com o ambiente (Paterson *et al.*, 1988). Na última década, foram realizados muitos estudos de mapeamento de QTLs em arroz e foram identificados QTLs que afectam uma vasta gama de fenótipos. Segue-se uma revisão dos estudos sobre QTLs relacionados com a tolerância ao stress abiótico, o rendimento e os seus componentes:

2.4.1 Mapeamento de QTL para tolerância à seca

A tolerância à seca é uma caraterística complexa. Foi descrita uma série de caraterísticas putativas de resistência à seca (morfofisiológicas) no arroz que estão associadas à resistência à seca e à estabilidade da produção em condições de stress, ou seja, redução da perda de água, aumento da absorção de água, tolerância através do ajustamento osmótico e da capacidade antioxidante e tolerância à dessecação (O'Toole, 1982). Até recentemente, quase nenhuma destas caraterísticas foi diretamente utilizada no arroz para melhorar o rendimento em condições de stress hídrico. A tecnologia de marcadores moleculares foi identificada como uma ferramenta poderosa para a seleção de caraterísticas que, de outra forma, seriam difíceis de selecionar, ou seja, a ligação de marcadores moleculares a genes que controlam a expressão da resistência à seca e a seleção dos genes sem submeter as linhas de reprodução a um rastreio da seca (O'Toole, 1989).

2.4.1.1 QTLs para caraterísticas radiculares

A capacidade de penetração das raízes é uma caraterística importante para o arroz em condições de planície de sequeiro (Hanson et al., 1990). O'Toole e Bland, (1987), analisaram a variação genética nos sistemas radiculares e as suas implicações para a resistência à seca de várias culturas. A variação genética na capacidade de penetração das raízes entre as cultivares de arroz foi observada utilizando a camada de cera depetrolato (Yu *et al.,* 1995). Utilizando esta técnica, foram identificados muitos QTLs que controlam diferentes caraterísticas radiculares, ou seja, espessura da raiz, peso seco da raiz, capacidade de penetração da raiz, comprimento máximo da raiz, etc., entre diferentes populações de mapeamento. (Champoux *et al.,* 1995; Ray *et al.,* 1996; Price *et al.,* 1997; Zheng *et al.,* 2000, Ali *et al.,* 2000; Zhang *et al.,* 2001).

2.4.1.2 QTLs para ajustamento osmótico

O ajustamento osmótico é a capacidade de uma planta acumular ativamente solutos em condições de seca. Esta caraterística foi demonstrada no trigo e no sorgo, estando associada ao rendimento em condições de stress hídrico. QTLs para ajustamento osmótico com variação fenotípica de até 30% e 13% foram mapeados usando RIL e população de mapeamento DHL (Lilley *et al.,* 1996; Zhang *et al.,* 2001).

2.4.1.3 QTLs para caraterísticas morfo-fenológicas e de rendimento

Foram identificados vários QTLs para diferentes caraterísticas morfo-fenológicas e de rendimento em condições de stress hídrico no campo, incluindo caraterísticas radiculares, teor relativo de água, estabilidade da membrana celular, altura da planta, comprimento da panícula, etc, (Champoux *et al.,*

1995; Babu *et al.*, 2003; Tripathy *et al.*, 2000; Courtois *et al.*, 2000; Quarrie *et al.*, 1997; Lanceras *et al.*, 2004; Kanbar *et al.*, 2002; Hemamalini *et al.*, 2000; Venuprasad *et al.*, 2002; Hittalmani *et al.*, 2002).

2.5 População de mapeamento utilizada no presente estudo

No presente estudo, utilizámos uma população internacional de mapeamento de linhas haplóides duplas (DHL) de arroz contendo 220 linhas, desenvolvida a partir de um cruzamento entre CT9993-5-10-1-M (abreviado como CT9993, tipo japonica adaptada a terras altas com um sistema radicular profundo e espesso com baixo ajustamento osmótico) e IR62266-42-6-2 (abreviado como IR62266, um tipo indica com elevado ajustamento osmótico e sistema radicular pouco profundo) no Centro Internacional de Agricultura Tropical e no Instituto Internacional de Investigação do Arroz e designado como IR68586. Esta população foi fenotipicamente bem caracterizada quanto às principais caraterísticas agronómicas, como a estrutura da copa, a fenologia, o período de maturação, a força de arrancamento das raízes, etc., no Centro de Investigação do Arroz de Ubon, Tailândia (Blum *et al.*, 1999).

Um subconjunto de 154 DHLs selecionadas aleatoriamente foi avaliado anteriormente, para componentes de resistência à seca como o ajustamento osmótico e caraterísticas radiculares, em condições de estufa na Texas Tech University, Texas. Foi construído um mapa de ligação genética com 315 marcadores (145 RFLPs, 153 AFLPs e 17 SSRs), que foi utilizado para a identificação de QTLs para componentes de resistência à seca (Zhang *et al.*, 2001) e caraterísticas radiculares (Kanbar *et al.*, 2002). O mapa de ligação genética foi revisto com 280 marcadores (134 RFLPs, 131 AFLPs e 15 SSRs) e foi utilizado para a identificação de QTLs, para caraterísticas de raiz avaliadas sob tolerância ao alumínio (Nguyen *et al.*, 2002) e fenologia e caraterísticas de produção sob stress de seca (Babu *et al.*, 2003). O mapa de ligação foi revisto e utilizado para a identificação de QTLs associados à tolerância à seca na fase reprodutiva, empregando o método de aspersão de fonte de linha (Lanceras *et al.*, 2004).

3. MATERIAIS E MÉTODOS

3.1 Materiais

3.1.1 Produtos químicos e reagentes

Tris, EDTA, NaCl, CTAB, PVP, β-mercapto-etanol, SDS, brometo de etídio, acetato de sódio e agarose foram obtidos dos produtos químicos Sigma, EUA, e Amersham Pharmacia Biotech. Os produtos químicos azul de bromofenol, ácido bórico e os solventes clorofórmio, álcool isoamílico, ácido acético glacial, fenol e etanol de grau analítico foram adquiridos a fontes locais. Os marcadores de peso molecular do ADN, a RNAse, *a Taq* polimerase, a *Pfu* DNA polimerase e os dNTP foram adquiridos a MBI Fermentas, Lithuyania, New England Biolabs e Amersham Pharmacia Biotech, Suécia. A agarose-1000 foi adquirida à GibcoBRL Life Technologies, EUA. A agarose Metaphor foi adquirida à BioWhittaker Molecular Applications, EUA., **3.1.2 Variedades de arroz e população de mapeamento**

As cultivares de arroz que foram utilizadas em diferentes programas de melhoramento na Índia foram obtidas de várias fontes, como indicado no **Quadro 3.1**. Um subconjunto de 154 linhas duplamente haplóides descritas na secção 2.5 da população original de 220 linhas duplamente haplóides (DHL) da população de mapeamento de arroz (CT9993-5-10-1-M/IR62266-42-6-2, designada IR68586) desenvolvida no IRRI e adoptada para o mapeamento de QTLs associados à resistência do arroz à seca, juntamente com os progenitores, foi obtido do Dr. Surapong Sarkarung, IRRI, e foi utilizado neste estudo. As plantas foram cultivadas em solo argiloso, mantendo as condições de terras altas em estufa a uma temperatura dia/noite de 35 +1° C / 25+1° C e a humidade relativa variou entre 50-80%. Nas condições da Universidade de Hyderabad (longitude 78o 4' E; latitude 17o 3' N; altitude 600m acima do nível médio do mar), a intensidade da luz solar foi de quase 2800 µmoksec.

Quadro 3.1: Linhas de arroz utilizadas para a análise da diversidade

Linha de arroz[1]	**Fenótipo**
CT9993	Tipo Japonica, adaptada às terras altas, raiz longa, tolerante à seca
IR62266	Tipo Índica, raiz pouco profunda, ajustamento osmótico elevado
Mahamaya	Tipo Indica, raiz longa, tolerante à seca
Swarna	Tipo indica, raiz pouco profunda, suscetível à seca
Safri17	Tipo Indica, raiz longa, tolerante à seca
Poornima	Tipo Indica, tolerante à seca
IR42253	Tipo indica, raiz pouco profunda, suscetível à seca

Nootriputtu	Tipo Indica, raça de terras altas, raízes profundas, tolerante à seca
IR20	Tipo indica, raiz pouco profunda, suscetível à seca
CO43	Tipo Indica, suscetível à seca
W1263	Tipo Indica, tolerante à seca
MM125A	Tipo Indica, raça terrestre, tolerante à seca
IR62829B	Tipo Indica, suscetível à seca
DRRH1	Tipo Indica, Híbrido
N22B	Tipo Indica, terras altas, raízes profundas, tolerante à seca
Prasanna	Tipo Indica, variedade libertada
TP-309	Tipo Japonica

ˈAs linhas de arroz CT9993, IR62266 foram obtidas do IRRI, Tailândia; Mahamaya, Swarna, Safri17, Poornima, IR42253 foram obtidas da Indira Gandhi Agricultural University, Raipur; Nootriputtu, IR20, CO43, W1263 foram obtidas da Tamilnadu Agricultural University, Coimbatore; MM125A da Gandhi Krishi Vignyan Kendra, University of Agricultural Sciences, Bangalore; N22B da University of Hyderabad, Hyderabad e outros da Directorate of Rice Research, Hyderabad, Índia.

3.1.3 Pares de iniciadores de microssatélites de arroz (RM)

Os pares de iniciadores de microssatélites de arroz utilizados no presente estudo foram estudados e selecionados de modo a cobrir todo o genoma do arroz, de acordo com Temnykh *et al.,* 2000 e 2001. Os pares de iniciadores de microssatélites de arroz (RM) foram adquiridos à Research Genetics, Inc., EUA. EUA.

3.1.4 EST e recursos genéticos

Os recursos EST são do nosso laboratório, gerados por sequenciação 3' de uma biblioteca de cDNA normalizada, a partir de plântulas de *Oryza sativa* subsp. *indica* cultivar Nagina22 sujeitas a stress hídrico (Reddy et al 2002). Também utilizámos alguns clones de cDNA de comprimento total no presente estudo. Os pormenores das EST e dos clones de cDNA de comprimento total utilizados no presente estudo, juntamente com o número de acesso ao GenBank e a função putativa, são indicados no **quadro. 3.2**

Quadro 3.2: ESTs/clones de ADN utilizados no presente estudo

Adesão	Organismo	Função putativa
BI305845	*Oryza sativa*	Metalotioneína
Y07955	*Oryza sativa*	Antocianidina sintase
AY502052	*Oryza sativa*	Fator de ligação DRE1D
AB023482	*Oryza sativa*	DREB1B-3'UTR

BI305501	*Oryza sativa*	Subunidade beta da isoenzima 1 da poligalacturonase
BI306154	*Oryza sativa*	Fator de polimerização da actina
BI306292	*Oryza sativa*	Proteína de ligação à clorofila a/b
BI306379	*Oryza sativa*	peroxidase putativa
BI306183	*Oryza sativa*	Esterase putativa
BI306417	*Oryza sativa*	Fator de ligação DRE1A3'UTR
AP001168	*Oryza sativa*	Fator de ligação DRE1A-promotor
AP001168	*Oryza sativa*	Fator de ligação DRE1A-ORF
X89859	*Oryza sativa*	Chalcona sintase
Y15219	*Oryza sativa*	Facilitador de transcrição C1-Myb
Y07956	*Oryza sativa*	Dihidroflavonol redutase
AF143746	*Oryza sativa*	CER1
D45423	*Oryza sativa*	Ascorbato peroxidase
BI306129	*Oryza sativa*	Proteína responsiva à desidratação3'UTR
BI306457	*Oryza sativa*	Gliceraldeído fosfato desidrogenase3'UTR
BI306675	*Oryza sativa*	Relacionado com o RAS3'UTR
BI305981	*Oryza sativa*	Proteína abundante embriogénica tardia3'UTR
BI306411	*Oryza sativa*	Glutatião-S-transferase II3'UTR
BI306120	*Oryza sativa*	Proteína de ligação ao elemento reativo ao etileno3'UTR
BI306700	*Oryza sativa*	Elongase dos ácidos gordos3'UTR
D17760	*Oryza sativa*	Fator de ribosilação ADP3'UTR
D26484	*Oryza sativa*	Catalase3'UTR
AB042550	*Oryza sativa*	Proteína quinase dependente do cálcio3'UTR
BI306648	*Oryza sativa*	Peroxirredoxina3'UTR
AF093636	*Oryza sativa*	Plastocianina
AF093636	*Oryza sativa*	Plastocianina3'UTR
D21836	*Oryza sativa*	Tioredoxina3'UTR
D45890	*Oryza sativa*	Sacarose fosfo-sintetase
AF194416	*Oryza sativa*	MAP quinase homóloga 2
AF194415	*Oryza sativa*	MAP quinase homóloga 1
U21747	*Avena fatua*	Aldose redutase
Z34934	*Zea mays*	Ascorbato peroxidase citosólica

3.1.5 Oligos

Os primers oligonucleotídicos de grau de pureza HPSF foram sintetizados e obtidos da MWG, Alemanha.

3.2 Metodologia

3.2.1 Extração de ADN genómico e quantificação

O ADN genómico foi isolado do tecido foliar segundo o procedimento descrito por Murray e Thompson (1980). °O tecido foliar recém-colhido (5 g) foi rapidamente congelado em azoto líquido e foram adicionados 15 ml de tampão CTAB 2 X pré-aquecido (100 mM Tris-HCl pH 8,0, 20 mM EDTA pH 8,0, 1,4 M NaCl, 2% CTAB, 40 mM 2-mercaptoetanol). Esta mistura foi incubada num banho de água a 65° C durante 90 minutos, com agitação ligeira, e foram adicionados 15 ml de clorofórmio: álcool isoamílico (24:1) e incubados durante 20 minutos à temperatura ambiente (25 C-28°° C), com agitação ligeira. A amostra foi centrifugada a 6000 rpm durante 10 minutos à temperatura ambiente. A fase aquosa foi separada e o ADN foi precipitado com 0,7 volumes de isopropanol a -20^0 C durante 20 minutos. O sedimento de ADN foi retirado com um gancho de vidro, lavado com 5 ml de etanol aquoso a 76%, acetato de sódio 0,2 M, seguido de 5 ml de etanol aquoso a 70%. O sedimento de ADN foi seco ao ar durante 20 minutos e dissolvido em 1 ml de tampão TE estéril (10 mM Tris-HCl pH 8,0, 1 mM EDTA pH 8,0). Adicionou-se a este tampão 1/100 de volume de solução-mãe de RNase A (10 mg/ml) e incubou-se a 37° C durante 1 hora. A solução de ADN foi purificada com o método padrão de fenol: clorofórmio. A solução de ADN foi misturada suavemente com fenol: clorofórmio (1:1) e centrifugada a 5000 rpm durante 10 minutos à temperatura ambiente. A fase aquosa foi separada e misturada com um volume igual de clorofórmio, misturada suavemente e centrifugada a 5000 rpm durante 10 minutos à temperatura ambiente. A fase aquosa foi separada e misturada com dois volumes de etanol absoluto e incubada a -20^0 C durante 20 minutos. O sedimento de ADN foi retirado com um gancho de vidro e lavado com etanol aquoso a 70%. O sedimento de ADN foi seco ao ar durante 20 minutos e dissolvido num volume adequado de tampão TE estéril (10 mM Tris-HCl pH 8,0, 1 mM EDTA pH 8,0) e armazenado a 4° C. A concentração de ADN foi determinada espectrofotometricamente e a qualidade do ADN foi verificada por eletroforese em gel de agarose. A quantificação do ADN foi efectuada com base na medição espectrofotométrica da absorvância UV a 260 nm. Uma alíquota da amostra de ADN foi diluída em tampão TE numa proporção de 1:100 numa microcuvette. A densidade ótica foi determinada a 260 e 280 em relação ao branco do tampão TE. A concentração de ADN foi calculada utilizando a fórmula de que 1,0 DO corresponde a 50ug/ml de ADN. O rácio entre OD260 e OD280 foi calculado para verificar a pureza do ADN (entre 1,8 e 2,0).

3.2.2 Amplificação de SSR e deteção de polimorfismo: Foi selecionado aleatoriamente um conjunto de 217 iniciadores SSR abrangendo todo o genoma do arroz e utilizado para a amplificação por PCR de repetições de sequências simples. Os pares de primers SSR foram adquiridos à Research Genetics, Inc., EUA. A reação de PCR foi realizada num volume de 20 µl de mistura de reação contendo 10 mM de Tris-HCl, 1,5 mM de MgCl2, 250 nM de cada iniciador direto e inverso, 250 µM de cada dNTP (Promega, EUA) e 0,8 U de Taq DNA polimerase (Genetrix, EUA) com 20 ng de ADN genómico. A amplificação por PCR foi efectuada no MJ Research PTC-200 Peltier Thermal Gradient Cycler (MJ Research, Watertown, Mass) com desnaturação inicial a 95 °C durante 3 minutos, seguida de 35 °C ciclos de 1 min 94 °C, 1 min 55 °C, 1 min 72 °C com extensão final a 72 °C durante 10 min. Após a amplificação, as amostras foram armazenadas a 4^0 C durante curtos períodos de tempo e a -20^0 C durante longos períodos.

3.2.3 Desenvolvimento de marcadores EST-PCR

Os EST e os clones de cADN completos utilizados no presente estudo, juntamente com o número de acesso ao GenBank e a função putativa, são apresentados no **quadro 3.2.** Foram concebidos trinta e seis pares de primers utilizando o Primer 3.0 (Rozen e Skaletsky, 1998) com um tamanho de produto que varia entre 300 pb e 1 kb, com um teor mínimo de GC de 50 % e um grampo GC na extremidade 3' do primer, abrangendo as regiões reguladoras, 3' e 5' de genes candidatos putativos selecionados aleatoriamente para a tolerância à seca. A síntese dos iniciadores foi efectuada pela MWG Biotech, Alemanha. As sequências de primers e a temperatura de recozimento para ESTs selecionados e sequências completas de cDNA são apresentadas no **quadro 3.3.**

3.2.3.1 Amplificação por PCR com primers EST-PCR

A reação de PCR foi realizada num volume de 20 µl de mistura de reação contendo 10 mM de Tris-HCl, 1,5 mM de MgCl2, 150 nM de cada iniciador direto e inverso, 250 µM de cada dNTP (Promega, EUA) e 0,8 U de Taq DNA polimerase (Genetix, EUA) com 30 ng de ADN genómico. A amplificação por PCR foi efectuada no MJ Research PTC-200 Peltier Thermal Gradient Cycler (MJ Research, Watertown, Mass) com desnaturação inicial a 95 °C durante 3 minutos, seguida de 35 °C ciclos de 1 min 94 °C, 1 min 52-55 °C, 1 min 72 °C com extensão final a 72 °C durante 10 min. Após a amplificação, as amostras foram armazenadas a 4^0 C durante curtos períodos de tempo e a -20oC durante longos períodos.

Tabela 3.3: Pares de primers e temperatura de recozimento

Adesão	Primário de avanço	Primário inverso	Recozimento Temp* (° C)
BI305845	GACTGTGCTGACAAGAGCCA	AGCACGGGTACATCACATCA	52
Y07955	GGAAGAGGGAGTGGGAGGA	GGGATGGAAAGAcTcGGTGTA	55
AY502052	ccATcATcAccGAGATcGAcTcGAc	cTcATTGTTcGcTcAcTGGGAG	55
AY166833	GAGAGAGGGAGTGcTGATGTG	cATGAccAcAcGAcAccAAc	55
BI305501	cGcAcTGGAGAAGTGcAGTA	GGGGcAAGAAGGTATAAccA	52
BI306154	TGAcAcGAGAcAAcGAGAGG	TGATTTccTGGcATcTcTcc	52
BI306292	TcTccATGTTcGGGTTcTTc	cAcAcATcGTGATccTTGcT	52
BI306379	cTAcAAGAAGAGTTGcccGc	GAAAGTcTcTTGTccGcTGc	54
BI306183	GGGGTcTAccAATGcATcc	TGAcTGGTGTATGccAcGc	53

BI306417	TAcTGATGATcGcGAGTTGG	AccATAAGcAGAGcTGGcAT	52
AP001168	GcGGTTTGAGTTTTccAcTT	GGTGTTGGTGTTTGAGTTTGAG	52
AP001168	cAccAAcAccTTcTTccTcTTc	ccAAcTcGcGATcATcAGTA	52
X89859	cATcAcccAccTcGTcTTcT	AccAAccAAAccAcccATAc	55
Y15219	AcAccGcAcAGAGAcAGAGA	cTcAAGAAAcGAcGccAAG	55
Y07956	GcGAATccAAcAcAAGcAc	GTccccTccccAGTATc	55
AF143746	cAcAAAcccAGGAcTcTTcAc	TTTGcATcGGAATcATcAAc	55
D45423	AAGAAcTAccccGTcGTGAG	ATAAcAGcccAccGAGAcA	55
BI306129	AGGAccAcGTcGTcTGGAc	GATcGAAcGGAGcTAGATGG	55
BI306457	ccGTcAcATGTAcAAcAccc	AcccGTGccGTGAATATTcAAc	55
BI306675	AcAGcGAATAcTccAGAcGG	GccGcTGccTcTAcTAGAcT	55
BI305981	ATcAccATcGAccTcccc	AGcATcAccAGAGccTGc	55
BI306411	AcATAcGAAcccccGATGAG	AGAGTTcTcGcTTccGGTcT	55
BI306120	GTccTTcTAGGcTcTAGccGTc	GcGTTcGGccTAAcAcTATc	55
BI306700	cATGcTGGccTTATTcGATG	GccGAAGGTTGAcTcATAG	55
D17760	ATccTGTTcTGTGcAGccAc	GcTGccAATcAcAGccTTAc	55
D26484	cTGccATcTcTTGTTTGccT	ATGAcAAGTGAGTGcTGAGGcT	55
AB042550	TAcAGGGGcATGTGAGATcc	GTGATccGAGATGGTGTTcG	55
BI306648	GcGATcAcTTGGAAccTATcG	ccTGTTcAGAGAAcGGGcAT	55
AF093636	GGAAGcTAAGcTAGGGcAGTG	cAGcGAAGATcTcATccTcc	55
AF093636	GccTccTAcGGcTcTATccTAT	TGATcTAGTAGAAGcAcGGAcG	55
D21836	TGTccTGAATccTGTTcTGAGc	cTGTcAcAAAcTcGcAATcc	55
D45890	TGATAcGTGGGTAcGTGAcGc	TAATcGcTTcccTAccccTG	55
AF194416	ATGGAGTTcTTTAcG	AGGATTGGAGTTTAG	55
AF194415	ATGGAGTTcTTcTTcAcTGAG	GGAGTGcATccTGGAGAc	55
U21747	GTTGGATTAGGcAcTTGGGAGAG	AAcGAAGcGTGTAGGGAGAA	52
Z34934	CACGGTGAACGAGGACTACC	GAGGAGGGCTTTGTCACTTG	55

* - Temperatura

3.2.4 Eletroforese em gel de agarose

Os produtos amplificados foram misturados com tampão de carga de azul de bromofenol (40% de sacarose e 0,25% de azul de bromo-fenol), submetidos a eletroforese e resolvidos em gel de agarose a 3% 1000 (Gibco BRL, Invitrogen, EUA) ou agarose metafórica a 3% (Bio-Whittaker Molecular Applications, EUA) para SSRs e agarose a 2% 1000 (para EST-PCRs) em tampão TBE 0.5X TBE, à temperatura ambiente e a uma tensão constante de 100 V, juntamente com um marcador (escada de ADN de 50 pb e 200 pb). Os géis foram corados com brometo de etídio e fotografados em UVI Photodoc V97.05s. A reação de PCR e a eletroforese em gel de agarose foram repetidas duas vezes para o desenvolvimento do marcador EST-PCR, verificou-se a consistência das bandas, antes de se proceder à pontuação dos polimorfismos entre as linhas parentais.

3.2.5 Saturação do mapa

3.2.5.1 Polimorfismo parental

O ADN dos dois progenitores, CT9993 e IR62266, foi extraído utilizando o protocolo descrito no ponto 3.2.1 e analisado quanto ao polimorfismo utilizando primers de microssatélites de arroz (RM) e primers EST-PCR. Um total de 217 primers RM e 35 primers EST-PCR foram utilizados para pesquisar o polimorfismo nos progenitores. Os primers RM utilizados para o estudo dos progenitores foram escolhidos com base na sua distribuição no genoma e em relatórios anteriores. A amplificação utilizando os primers RM e os primers EST-PCR foi feita com base no protocolo descrito nas secções 3.2.2 e 3.2.3.1. Os produtos amplificados foram verificados em géis de agarose-1000 corados com brometo de etídio (3,0% e 2,0%, respetivamente) e os primers polimórficos foram anotados. Dos 217 pares de primers SSR, setenta e três foram polimórficos entre CT9993 e IR62266 e três primers EST-PCR foram polimórficos entre CT9993 e IR62266. **3.2.5.2 Avaliação genotípica da população de mapeamento**

O ADN da população de mapeamento (subconjunto de 154 linhas de acordo com Zhang *et al.,* 2001) foi extraído conforme descrito na secção 3.1. Setenta e três marcadores polimórficos de microssatélites e três marcadores EST-PCR foram selecionados na população de mapeamento para estudar o padrão de segregação dos mesmos. O padrão de segregação dos alelos na população de mapeamento foi avaliado em 154 linhas haplóides duplas (DHLs) e documentado.

3.2.5.3 Integração de marcadores e construção de mapas de ligação

Um mapa de ligação genética previamente construído por Zhang *et al.,* (TAG, 2001) e revisto por Nguyen (MGG, 2002) com 280 marcadores (134 RFLPs, 131 AFLPs e 15 SSRs) foi utilizado para o nosso estudo, como marcadores âncora (os dados genotípicos foram gentilmente fornecidos pelo Dr. Henry T. Nguyen, TTU, EUA). Setenta e cinco dados de segregação de marcadores SSR e EST-PCR mais informativos e polimórficos gerados no presente estudo, juntamente com os dados do marcador âncora, foram utilizados para a saturação do mapa e construção de mapas de ligação. A construção do mapa foi efectuada utilizando o programa MAPMAKER/EXE V.3.0 (Lander *et al.,* 1987 e Lincoln *et al.,* 1992) seguindo a função Kosambi (Kosambi, 1944). Os grupos de ligação foram determinados utilizando os comandos "group" e "error detection on" com uma pontuação LOD de 3,0 e uma fração de recombinação de 0,5. Os comandos "compare" e "order" do Mapmaker foram utilizados para identificar a ordem mais provável dos marcadores dentro de um grupo de ligação. O comando "ripple" foi utilizado para verificar e confirmar a ordem dos marcadores determinada pela análise multiponto. Os marcadores RM atribuídos e a ordem dos marcadores no mapa CT9993/IR62266 foram comparados com os mapas de arroz desenvolvidos na Universidade de Cornell (Temnykh *et al.,* 2000 e 2001).

3.2.6 Avaliação fenotípica da população de mapeamento

3.2.6.1 Condições de fenotipagem

A fenotipagem de DHLs para caraterísticas morfológicas, fenológicas e relacionadas com a produção em condições de stress hídrico no campo foi efectuada em condições de terras altas nos campos experimentais do ICRISAT, Índia, durante a estação seca de 2001. No estudo em curso, 216 linhas

DHL, juntamente com os seus progenitores, foram avaliadas em dois regimes hídricos, nomeadamente irrigação frequente (controlo, uma vez de três em três dias) e irrigação menos frequente (stress hídrico, uma vez de cinco em cinco dias), segundo um esquema alfa com duas repetições cada. As alterações da humidade do solo foram monitorizadas por gravimetria, sonda de neutrões (Troxler, Depth Moisture Gauge, Research Triangle Park, EUA) e refletómetro no domínio do tempo-TDR (make Trime FM, IMKO, Micromodul Technik, GMBH, Alemanha). A capacidade de enchimento do solo é de 11-16% (peso / peso) nos 30 cm superiores da profundidade do solo e o ponto de murcha permanente é de 7-10%.

A camada superficial do solo secou muito rapidamente e atingiu o ponto de murcha permanente em seis dias após a inundação. As sementes foram semeadas à mão nas parcelas experimentais; foram aplicados periodicamente, conforme necessário, fertilizantes e medidas de controlo de insectos e ervas daninhas. A área da folha bandeira (cm^2) (FLA) foi determinada usando o Areametre (modelo 3100, Li-COR, inc., Lincoln Nebraska, EUA). A área foliar específica (SLA) foi calculada como a área dividida pelo peso (cm^2 /g). O peso específico da folha (SLW) foi calculado como gramas divididos pela área (g/cm). Os dias para o arranque, a emergência da panícula, o vingamento e a maturidade foram registados quando 50% das plantas nas parcelas experimentais estavam floridas, a partir dos dias após a sementeira. O peso dos rebentos (g/planta) das plantas foi determinado através da colheita e pesagem das partes acima do solo de cada DHL juntamente com os seus progenitores. Os pesos secos (peso da palha, rendimento de grãos, peso de mil sementes) foram determinados após secagem das plantas durante 24 horas em estufa de ar quente.

Área da folha bandeira: A área da folha bandeira (cm^2) (FLA) foi determinada usando o Areametre (modelo 3100, Li-COR, inc., Lincoln Nebraska, EUA).

Área foliar específica: A área foliar específica (SLA) foi calculada como a área dividida pelo peso (cm^2 /g).

Peso específico da folha: O peso específico da folha (PEF) foi calculado como gramas divididos pela área (g/cm).

Dias de arranque: Os dias para o arranque foram registados quando 50% das plantas nas parcelas experimentais estavam floridas, a partir dos dias após a sementeira.

Dias para a emergência da panícula: Os dias para a emergência da panícula foram registados quando 50% das plantas nas parcelas experimentais estavam floridas, a partir dos dias após a sementeira.

Dias para o vingamento: Os dias até ao vingamento foram registados quando 50% das plantas das parcelas experimentais estavam floridas, a partir dos dias após a sementeira.

Dias para a maturidade: Os dias até à maturidade foram registados quando 50% das espiguetas cheias nas parcelas experimentais estavam maduras, a partir dos dias após a sementeira.

Peso dos rebentos: O peso dos rebentos (g/planta) das plantas foi determinado através da colheita e pesagem das partes acima do solo de cada DHL juntamente com os seus progenitores.

Peso da palha: O peso da palha (g/planta) foi determinado após a secagem das plantas e dos seus progenitores durante 24 horas numa estufa de ar quente.

Peso do grão: Peso em g/planta dos grãos colhidos de cada DHL juntamente com seus parentais após secagem em estufa de ar quente por 24 horas.

Índice de colheita: Índice de colheita: Relação entre os grãos cheios e a biomassa (grãos cheios, grãos não cheios e palha da planta) em termos de peso em gms, expressa em percentagem.

Peso de 1000 sementes completamente cheias: Peso em gramas (após 24 horas de secagem numa estufa de ar quente) de 1000 espiguetas cheias retiradas do grão colhido a granel de cada planta.

Peso de 1000 sementes parcialmente cheias: Peso em gramas (após 24 horas de secagem numa estufa de ar quente) de 1000 espiguetas parcialmente cheias retiradas do grão colhido a granel de cada planta.

Esterilidade de espiguetas: Proporção de espiguetas não preenchidas em relação ao número total de espiguetas preenchidas e não preenchidas por panícula, expressa em percentagem.

Um subconjunto de 154 DHLs foi selecionado (com base em Zhang *et al.*, 2001 e Nguyen *et al.*, 2002), para correlações de caraterísticas e identificação de QTL, utilizando o mapa de ligação genética revisto (SSR e marcador EST-PCR saturado) de CT9993/IR62266 neste estudo.

3.2.6.2 Análise estatística

As distribuições de frequência das caraterísticas foram efectuadas utilizando ferramentas de análise estatística do programa Microsoft Excel 2000. A análise das médias, do desvio padrão, da amplitude e das correlações envolvendo todas as caraterísticas em condições de stress hídrico no campo foi efectuada pelo programa SAS. As correlações entre pares de caracteres foram calculadas utilizando o SAS, coeficientes de correlação de Pearson a $p < 0,05$ e $p < 0,01$

3.2.7 Mapeamento de QTL

O mapa de ligação genética revisto da população de mapeamento CT9993/IR62266 DHL foi utilizado para identificar os QTLs que controlam as caraterísticas morfológicas, fenológicas e de rendimento das plantas em condições de controlo e de stress hídrico no campo.

3.2.7.1 Mapeamento de intervalos por MAPMAKER/QTL

Para analisar a associação marcador-QTL para cada caraterística e determinar a localização exacta dos QTLs putativos, foi realizado o mapeamento por intervalos do programa MAPMAKER/QTL versão 1.1 (Paterson *et al.*, 1988, Lander & Botstein, 1989 e Lincoln *et al.*, 1992). Os QTLs putativos foram declarados significativos quando o LOD score foi >2,1. Os picos de LOD para QTLs significativos foram usados para posicionar o QTL no mapa de ligação. A ação gênica (efeito aditivo livre de dominância) e a variação percentual atribuível a QTLs individuais foram estimadas nos picos.

3.2.7.2 Identificação de QTL por QTL-Cartographer

Noutra abordagem, a posição e os efeitos dos QTLs para diferentes caraterísticas foram determinados após a análise de mapeamento de intervalo composto (CIM) ter sido efectuada utilizando o Windows QTL Cartographer V2.0, utilizando ficheiros brutos e de mapas do MAPMAKER/EXP (Basten *et al.*, 2003; Wang *et al.*, 2001-2004). QTL cartographer Zmap QTL, modelo 6 com um tamanho de janela de 10cM foi usado para mapeamento de intervalo composto (CIM). O nível de significância do limiar de LOD experimentalmente (em termos de caraterísticas) foi determinado através do cálculo de 1000 permutações de cada carácter morfológico para determinar o nível de significância experimentalmente sábio a p = 0,05 (Churchill & Doerge, 1994), tal como implementado pelo cartógrafo QTL. O genoma foi analisado em intervalos de 2 cM. O efeito aditivo e a variância percentual explicada pelo genótipo no QTL foram obtidos a partir da posição de pico do QTL, conforme indicado pelo QTL cartographer. Reportámos os QTLs que foram identificados com um limiar de LOD de >2,1 utilizando o QTL cartographer.

3.2.8 Análise da diversidade

Dezassete linhas de arroz (Tabela 1) foram analisadas com primers SSR e primers EST-PCR para avaliar a diferença e diversidade alélica entre as linhas parentais, que foram utilizadas em programas de melhoramento, para o desenvolvimento de cultivares de tolerância à seca.

3.2.8.1 Polimorfismo parental

O ADN das dezassete linhas de arroz (**Tabela 3.1**) foi extraído utilizando o protocolo descrito nos métodos e analisado quanto ao polimorfismo utilizando primers EST-PCR e primers de microssatélites de arroz (RM). Foi utilizado um total de 80 primers RM e 35 primers EST-PCR numa reação de PCR para estudar a diversidade genética das linhas de arroz. Os iniciadores RM utilizados para o estudo parental foram escolhidos com base na sua distribuição no genoma e em relatórios anteriores (3.1.3). Após a amplificação por PCR, os produtos foram verificados quanto ao polimorfismo num gel de agarose.

3.2.8.2 Pontuação de gel e análise de dados

Sessenta e nove primers SSR e nove pares de primers EST-PCR deram um padrão de bandas polimórficas entre as linhas de arroz. Repetindo a reação duas vezes, verificou-se a consistência das bandas polimórficas e as bandas reprodutíveis foram marcadas em todas as amostras para cada um dos 14 primers separadamente. Cada produto de amplificação foi considerado como um marcador separado. As bandas foram registadas como presentes (1) ou ausentes (0). Para cada banda registada, foi atribuído "1" aos indivíduos que apresentavam a presença dessa banda e "0" aos que não apresentavam a banda de interesse. Todas as análises numéricas e taxonómicas foram efectuadas com o software NTSYS-pc versão 2.0 da Exetersoftware, NY (Rohlf, 1993). Foram calculados os valores do coeficiente de similaridade (SM) DICE para a comparação de pares entre acessos e foi construída uma matriz de coeficientes DICE utilizando a sub-rotina SIMQUAL. Esta matriz foi submetida ao método de agrupamento não ponderado por pares, utilizando a análise da média aritmética (UPGMA) para gerar um dendrograma utilizando a sub-rotina SAHN e o Tree plot do NTSYSpc.

4. RESULTADOS

4.1 Integração de mapas

4.2 Polimorfismo entre as linhas parentais CT9993 e IR62266

As duas linhas parentais, CT9993-5-10-1-M e IR62266-42-6-2, foram analisadas quanto ao polimorfismo, utilizando 217 pares de iniciadores microssatélites selecionados aleatoriamente, cobrindo todos os cromossomas, e 36 pares de iniciadores EST-PCR. O resumo dos resultados está representado na **Tabela 4.1**. O polimorfismo global entre CT9993 e IR62266 foi de 29,6%. No entanto, apenas 8% dos pares de primers EST analisados são polimórficos. Uma fotografia representativa em gel de agarose do padrão polimórfico dos primers de microssatélites e EST-PCR é apresentada na **Fig. 4.1a** e **Fig. 4.1b**.

Tabela 4.1: Resumo do polimorfismo parental utilizando primers SSR e EST-PCR.

	SSR	EST-PCR	Total
N.º de iniciadores utilizados	217	36	253
N.º de primers polimórficos	72	3	75
Percentagem de polimorfismo	33.2	8.33	29.64

Fig 4.1a: Análise EST-PCR de CT9993 e IR62266

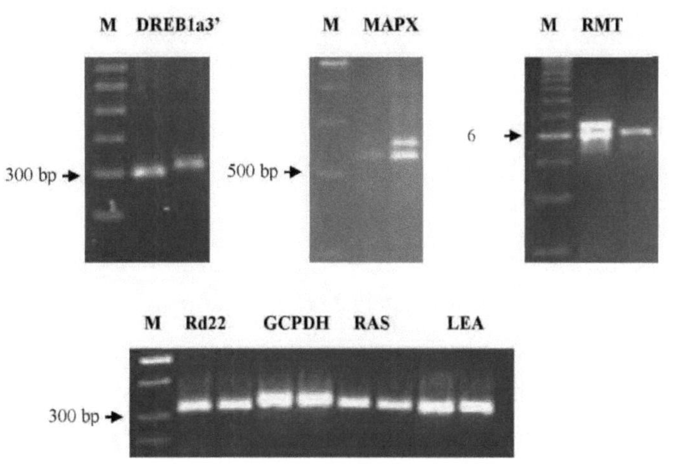

Fig 4.1b: Análise de microssatélites de CT9993 e IR62266

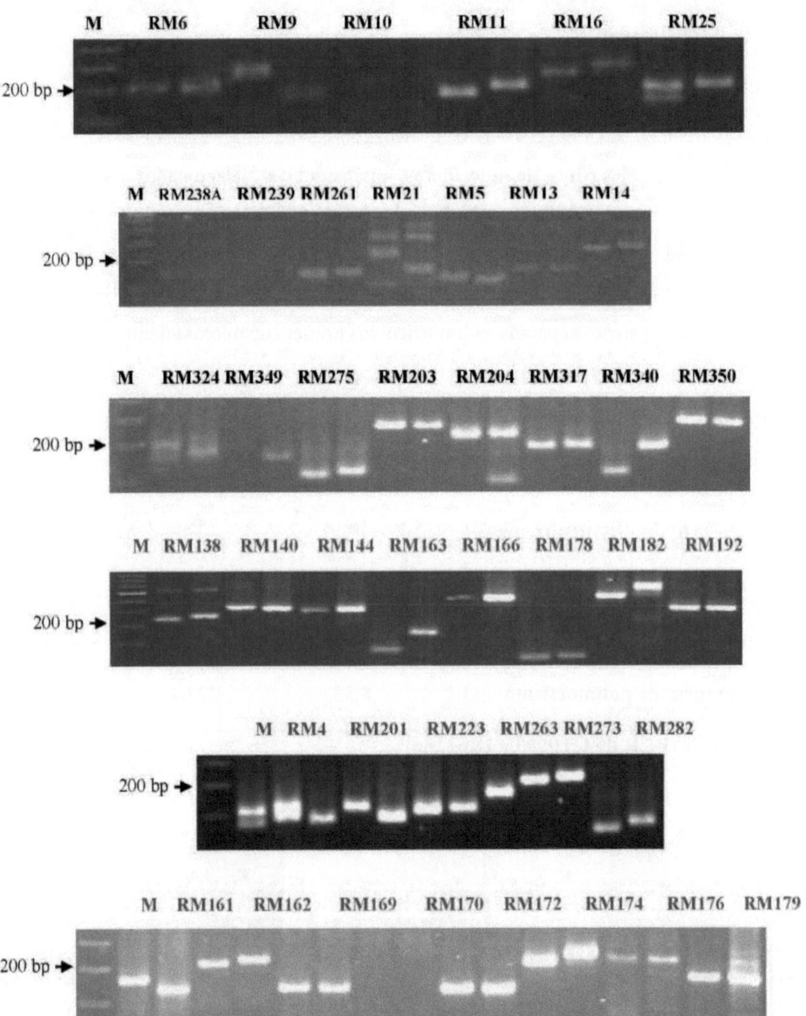

4.1.2 Segregação de marcadores microssatélites e EST-PCR em DHLs

Os 75 marcadores polimórficos entre dois progenitores foram ainda analisados quanto ao padrão de segregação na população de mapeamento DHL. A frequência dos dois alelos diferentes, ou seja, o CT9993-5-10-1-M e o IR62266-42-6-2, está próxima dos 50% esperados para os marcadores de microssatélites entre 154 DHLs, exceto para os marcadores RM104, RM118, RM127, RM134, RM162, RM182, RM186, RM209, RM234, RM235, RM264, RM31 e RM302, que estão inclinados para um dos progenitores. Enquanto que os loci RM104, RM118, RM127, RM134, RM182, RM186, RM209, RM234, RM235 e RM31 se inclinaram para CT9993, os loci RM264, RM348 e RM162 inclinaram-se para IR62266. Um gel de agarose representativo dos marcadores na população segregante é apresentado na **Fig. 4.2.** Os marcadores polimórficos EST-PCR analisados na população de mapeamento mostraram os rácios de segregação esperados de 50% dos alelos CT9993 e IR62266. Uma fotografia representativa do gel da população segregante é mostrada nas **Figs. 4.2a** e **4.2b**.

Fig 4.2a: Análise de segregação dos marcadores EST-PCR em DHLs

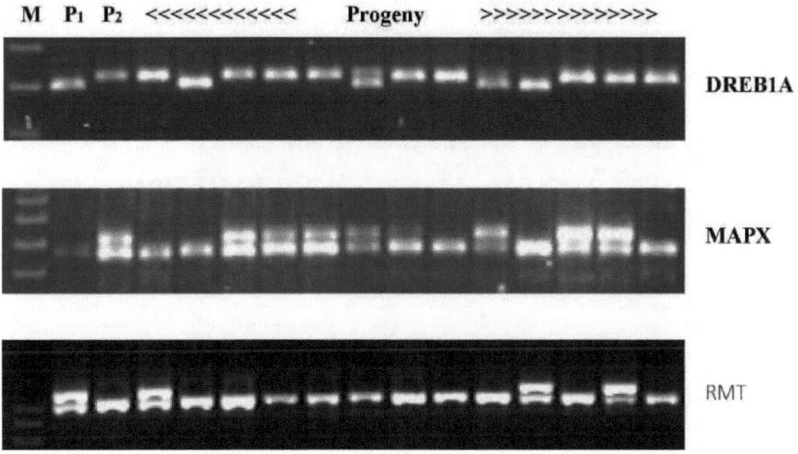

Fig 4.2b: Análise de segregação de microssatélites em DHLs

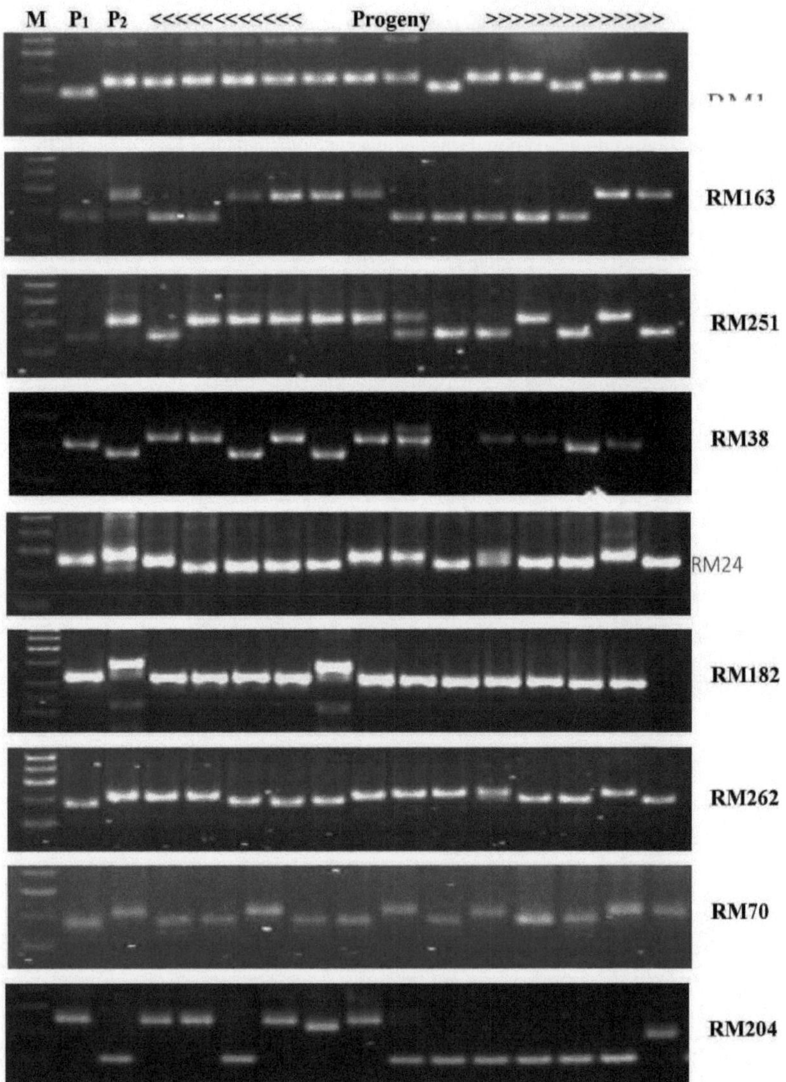

4.1.3 Integração de marcadores e construção de mapas de ligação

Dos 75 marcadores, 57 marcadores foram adicionados ao mapa de ligação anterior CT9993/IR62266 DHL revisto por Nguyen et al. (2002). A versão final do mapa baseou-se numa integração de dados de 53 microssatélites e 3 marcadores EST-PCR do presente estudo e de dados de marcadores de ancoragem de Nguyen et al. (2002) em 154 linhas DH. Um mapa de ligação genética construído com um limiar mínimo de LOD de 3,0 foi baseado num total de 340 marcadores, incluindo 57 marcadores do presente estudo. A lista de 57 novos marcadores de microssatélites e EST-PCR colocados no mapa CT9993/IR62266 é apresentada no **Quadro 4.2**. Os restantes 18 marcadores (RM24, RM151, RM174, RM318, RM324, RM279, RM6, RM138, RM53, RM71, RM349, RM122, RM162, RM204, RM11, RM223, RM41 e RM287) não se enquadram em nenhum grupo de ligação existente e permanecem como marcadores solitários. A distribuição dos marcadores pelos cromossomas é descrita a seguir. O cromossoma 1 apresenta a maior densidade de marcadores, com 44 marcadores com uma distância total do mapa de 233,6 cM e uma distância média de 5,31 cM entre marcadores. Vinte e nove e 30 marcadores com uma distância de mapa de 238,9 cM e 125,4 cM foram mapeados nos cromossomas 2 e 3 com uma distância média entre marcadores de 8,23 cM e 4,18 cM, respetivamente. Trinta e um e vinte e dois marcadores foram mapeados para os cromossomas 4 e 5, com uma distância total de 164,6 cM e 149,5 cM e uma distância média de 5,31 cM e 6,79 cM entre os marcadores, respetivamente. Os cromossomas 6, 7 e 8 apresentam 26, 25 e 29 marcadores com um comprimento total de 157,7 cM, 149,5 cM e 190,2 cM e uma distância média de 6,06 cM, 5,98 cM e 6,55 cM entre os marcadores, respetivamente. Os cromossomas 9, 10, 11 e 12 apresentam 37, 14, 17 e 26 marcadores com uma distância total de 141,7 cM, 152,8 cM, 164,9 cM e 107,8 cM, respetivamente. Enquanto a distância média dos marcadores foi de 3,82 cM e 4,15 cM nos Chr 9 e 12, respetivamente, foram encontradas distâncias relativamente maiores de 10,91 cM e 6,11 cM nos Chr 10 e 11, respetivamente. As relações de ligação geradas no presente estudo foram comparadas com a ordem dos marcadores no mapa de arroz de Cornell (Temnykh *et al.*, 2000), a fim de integrar os mapas. Foi estabelecido um mapa integrado contendo 340 marcadores (137 RFLPs, 131 AFLPs, 69 SSRs e 3 marcadores EST-PCR) e os mapas foram construídos utilizando o MapChart v2.1, com base nas distâncias genéticas entre marcadores, utilizando os resultados do MapMaker. Os dados estão representados na **Fig. 4.3**.

Fig. 4.3: Mapa genético molecular do arroz. O quadro baseia-se na população haploide dupla CT9993/IR62266. Os marcadores do quadro (os que foram ordenados com uma pontuação LOD >3,0) são mostrados em escrita regular. Os novos marcadores RM (Rice Microsatellites) e EST-PCR mapeados estão em negrito.

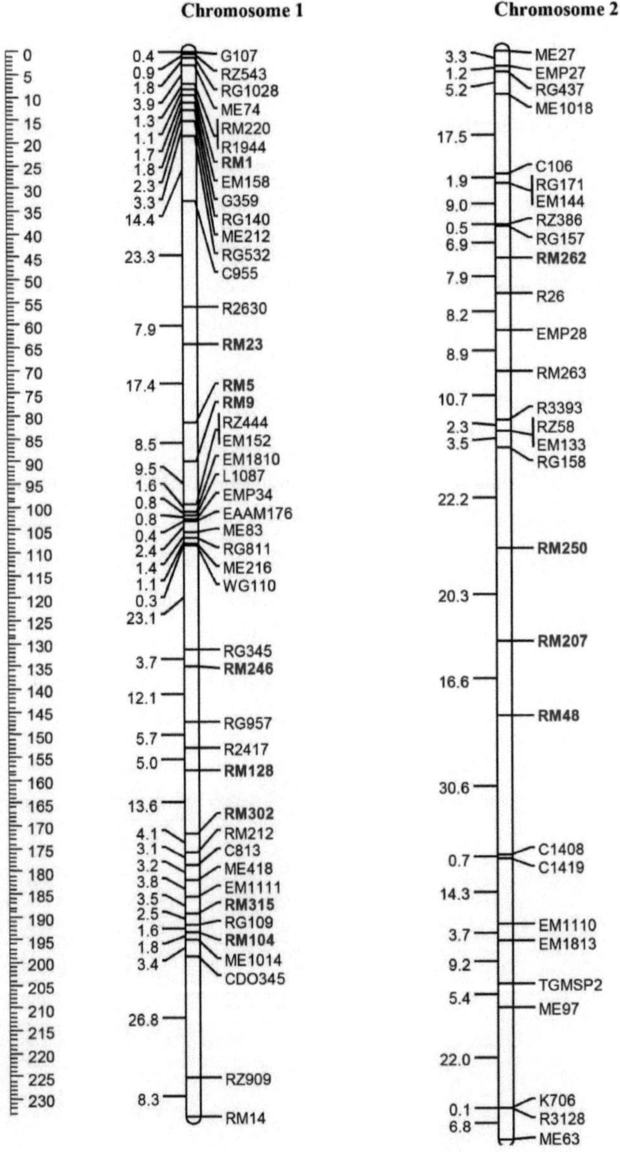

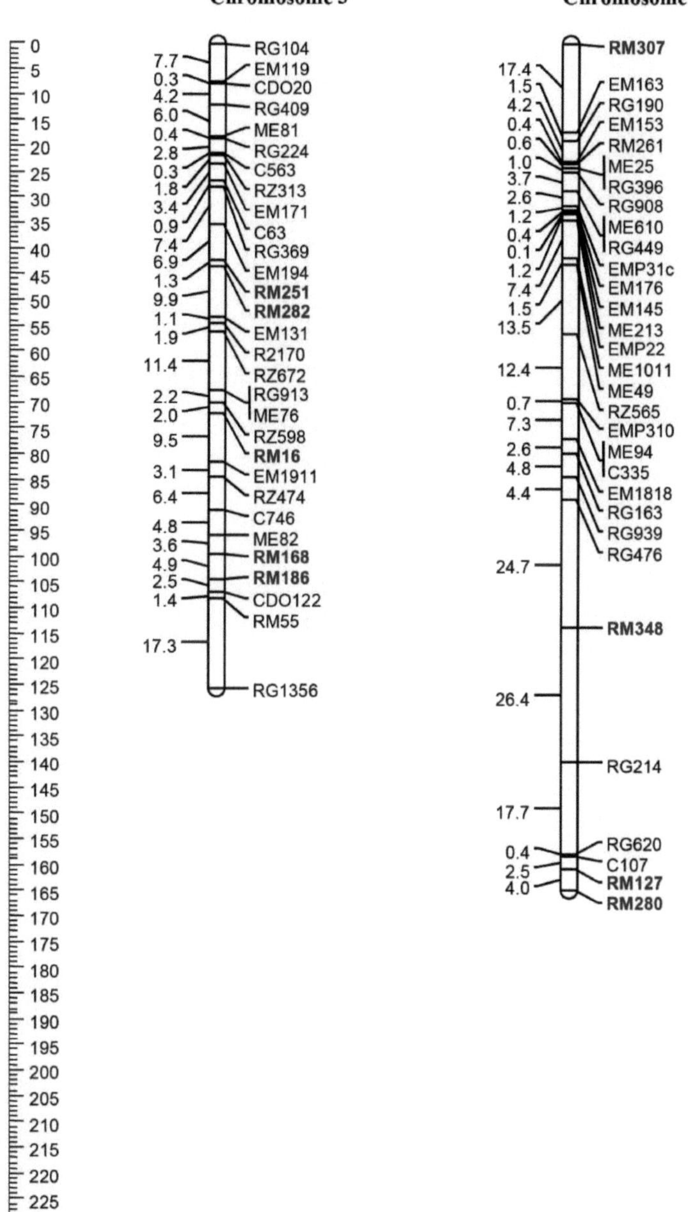
Chromosome 3
Chromosome 4
0
5
10
15
20
25
30
35
40
45
50
55
60
65
70
75
80
85
90
95
100
105
110
115
120
125
130
135
140
145
150
155
160
165
170
175
180
185
190
195
200
205
210
215
220
225
230
7.7
0.3
4.2
6.0
0.4
2.8
0.3
1.8
3.4
0.9
7.4
6.9
1.3
9.9
1.1
1.9
11.4
2.2
2.0
9.5
3.1
6.4
4.8
3.6
4.9
2.5
1.4
17.3
RG104
EM119
CDO20
RG409
ME81
RG224
C563
RZ313
EM171
C63
RG369
EM194
RM251
RM282
EM131
R2170
RZ672
RG913
ME76
RZ598
RM16
EM1911
RZ474
C746
ME82
RM168
RM186
CDO122
RM55
RG1356
17.4
1.5
4.2
0.4
0.6
1.0
3.7
2.6
1.2
0.4
0.1
1.2
7.4
1.5
13.5
12.4
0.7
7.3
2.6
4.8
4.4
24.7
26.4
17.7
0.4
2.5
4.0
RM307
EM163
RG190
EM153
RM261
ME25
RG396
RG908
ME610
RG449
EMP31c
EM176
EM145
ME213
EMP22
ME1011
ME49
RZ565
EMP310
ME94
C335
EM1818
RG163
RG939
RG476
RM348
RG214
RG620
C107
RM127
RM280

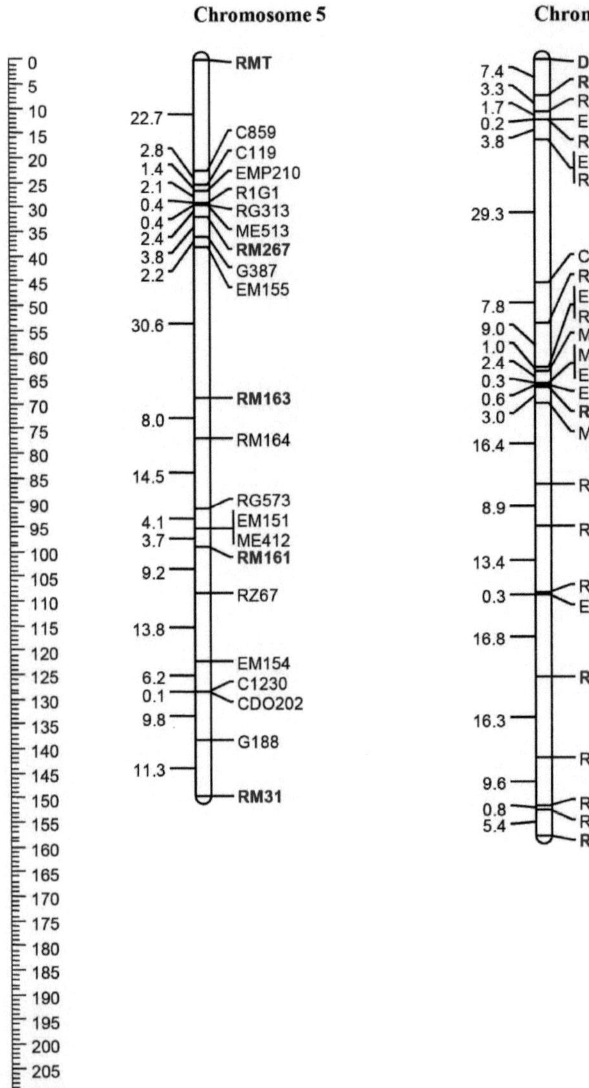

Chromosome 5
Chromosome 6
RMT
22.7
C859
C119
EMP210
R1G1
RG313
ME513
RM267
G387
EM155
30.6
RM163
8.0
RM164
14.5
RG573
EM151
ME412
RM161
9.2
RZ67
13.8
EM154
C1230
CDO202
9.8
G188
11.3
RM31
DREB1A
RM190
R2869
EM172
R3139
EM179
RZ516
29.3
C235
R2171
EMP35
R2123
ME75
ME411
EAAM173
EM178
RM3
ME512
16.4
RG716
8.9
R2549
13.4
RG172
EM149
16.8
RM275
16.3
RZ682
9.6
RZ405
RG653
RM340

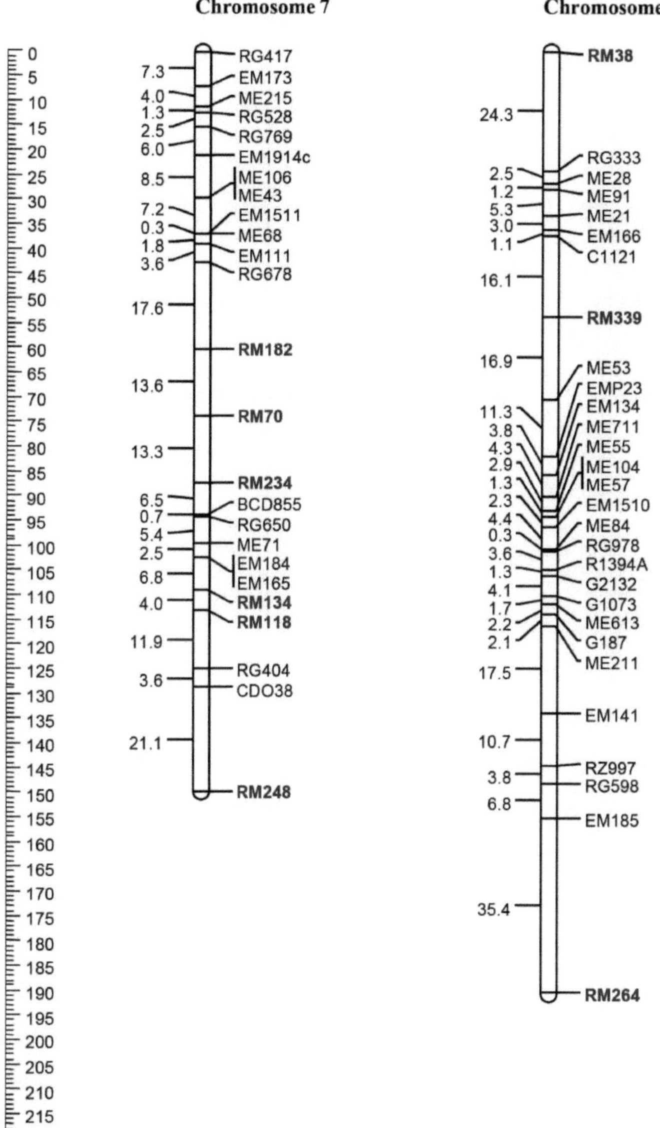
Chromosome 7
Chromosome 8
0
5
10
15
20
25
30
35
40
45
50
55
60
65
70
75
80
85
90
95
100
105
110
115
120
125
130
135
140
145
150
155
160
165
170
175
180
185
190
195
200
205
210
215
220
225
230
RG417
7.3
EM173
4.0
ME215
1.3
RG528
2.5
RG769
6.0
EM1914c
8.5
ME106
ME43
7.2
EM1511
0.3
ME68
1.8
EM111
3.6
RG678
17.6
RM182
13.6
RM70
13.3
RM234
6.5
BCD855
0.7
RG650
5.4
ME71
2.5
EM184
6.8
EM165
4.0
RM134
RM118
11.9
RG404
3.6
CDO38
21.1
RM248
RM38
24.3
RG333
2.5
ME28
1.2
ME91
5.3
ME21
3.0
EM166
1.1
C1121
16.1
RM339
16.9
ME53
EMP23
11.3
EM134
3.8
ME711
4.3
ME55
2.9
ME104
1.3
ME57
2.3
EM1510
4.4
ME84
0.3
RG978
3.6
R1394A
1.3
G2132
4.1
G1073
1.7
ME613
2.2
G187
2.1
ME211
17.5
EM141
10.7
RZ997
3.8
RG598
6.8
EM185
35.4
RM264

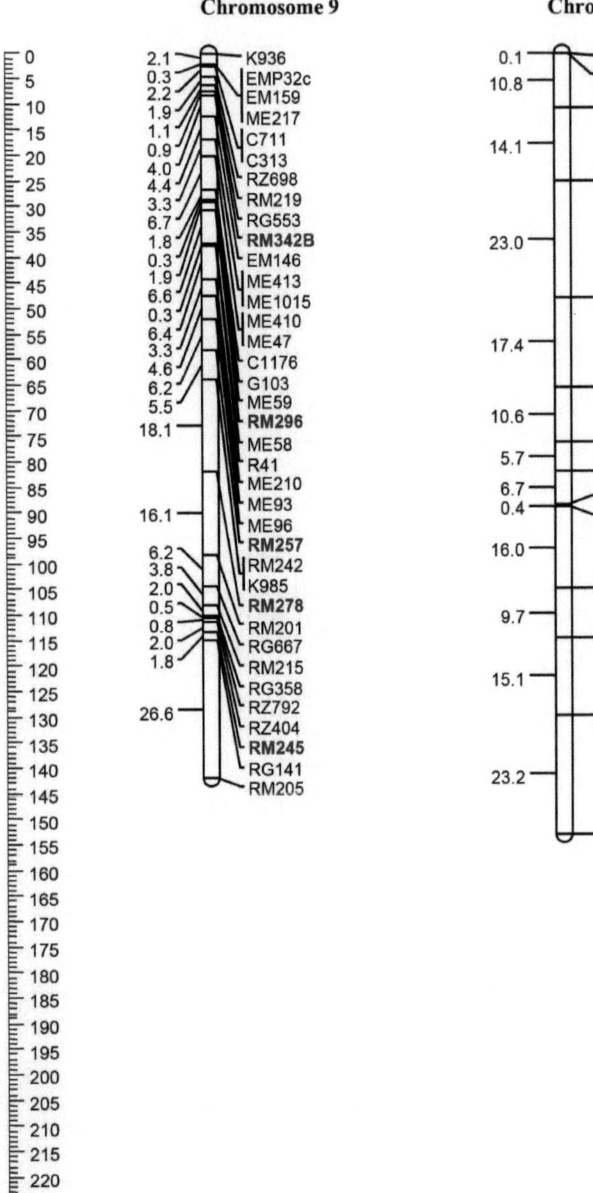
Chromosome 9
Chromosome 10
K936
EMP32c
EM159
ME217
C711
C313
RZ698
RM219
RG553
RM342B
EM146
ME413
ME1015
ME410
ME47
C1176
G103
ME59
RM296
ME58
R41
ME210
ME93
ME96
RM257
RM242
K985
RM278
RM201
RG667
RM215
RG358
RZ792
RZ404
RM245
RG141
RM205
ME516
EMP29
RM222
EM169
RM244
RM216
G333
RG257
EM115
R1629
EM1410
RM271
RM304
RG561

Chromosome 11

0 5 10 15 20 25 30 35 40 45 50 55 60 65 70 75 80 85 90 95 100 105 110 115 120 125 130 135 140 145 150 155 160 165 170 175 180 185 190 195 200 205 210 215 220 225 230

RM20B
16.7
RM19
10.8
RM4B
28.9
ME414
4.2 C477
0.1 EM1710
0.6 ME1016
2.0 ME62
4.0 EM1513
2.6 EM1811
8.8 EM188
G320
14.5
0.3 G257
1.4 ME26
6.2 **RM209**
RM21
9.4
CDO365
9.2
MAPX
8.8 ME67
1.1 ME72
3.8 ME107
6.0 RM206
RG1109
14.6
G1465
2.8 C950
3.0 R1506
5.1 RZ536

Chromosome 12

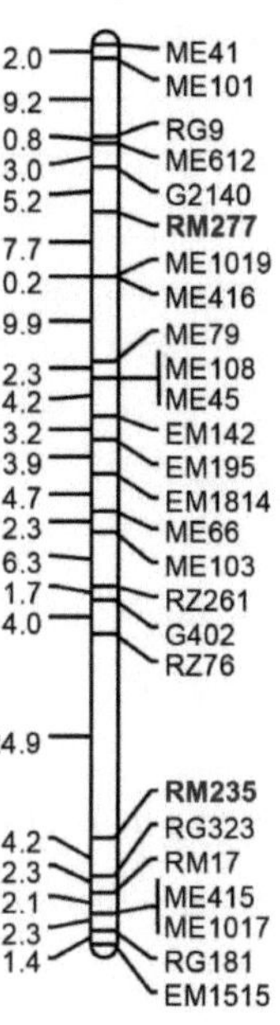

Quadro 4.2: Lista de 57 marcadores adicionais de microssatélites e EST-PCR colocados no mapa CT9993/IR62266 (Fig. 4.3)

Chr 1	Chr 2	Chr 3	Chr 4	Chr 5	Chr 6	Chr 7	Chr 8	Chr 9	Chr 10	Chr 11	Chr 12
RM1	RM262	RM251	RM307	RMT	DREB1A	RM182	RM38	RM342B	RM244	RM20B	RM277
RM23	RM250	RM282	RM348	RM267	RM190	RM70	RM339	RM296	RM216	RM19	RM235
RM5	RM207	RM16	RM127	RM163	RM3	RM234	RM264	RM257	RM271	RM4B	
RM9	RM48	RM168	RM280	RM161	RM275	RM134		RM278	RM304	RM209	
RM246		RM186		RM31	RM340	RM118		RM245		MAPX	
RM128						RM248					
RM302											
RM315											
RM104											

Chr - Cromossoma

4.1.4 Avaliação fenotípica da população de mapeamento

Os progenitores e as DHLs foram cultivados e avaliados para diferentes caraterísticas sob stress de seca no campo, num desenho alfa com duas repetições. Os valores médios das caraterísticas morfofenológicas e de rendimento das linhas CT9993, IR62266 e 154 DH em condições de stress hídrico no campo são apresentados no **Quadro 4.3**. As DHLs avaliadas para diferentes caraterísticas morfofenológicas e relacionadas com a produção seguiram uma distribuição normal com segregantes transgressivos em ambos os extremos (**Fig. 4.4**). A área média da folha bandeira das DHLs foi de 12,95 cm2 (3,9 - 22,7), enquanto a área foliar específica (cm2/g) foi de 153,75 (52,4 - 213,3). O peso específico médio das folhas (g/cm2) foi de 6,85 (4,4 - 18,6). O número médio de dias para o arranque, a emergência da panícula, o encabeçamento e a maturidade foi de 111,9 (86-131), 119,4 (93-138), 125,2 (99-144) e 165,7 (158-176), respetivamente. O peso médio do grão por planta (g/planta) das DHLs foi de 3,44 (0,3-21,5) e o peso da palha (g/planta) das DHLs foi de 13,05 (6,244,1), enquanto o peso do rebento por planta (g/planta) foi de 17,07 (7,9-59,8). O peso de 1000 sementes completamente cheias variou de 2,9 a 19,4 gm com uma média de 14,14 gm. O peso de 1000 sementes parcialmente cheias variou de 14,6 a 28,8 gm, enquanto o índice médio de colheita (HI) foi de 19,6, com uma variação de 2,8 a 40,4. A esterilidade de espiguetas por panícula teve uma média de 66,96 (1894,8) entre as DHLs.

Tabela 4.3: Valores médios dos traços morfo-fenológicos e relacionados com a produção das linhas CT9993, IR62266 e 154 duplo-haplóides (DH) de arroz em condições de stress hídrico no campo

Traço	CT9993	IR62266	Linhas duplamente haplóides		S.D.
			Média	Gama	
Área da folha bandeira (cm2)	15.9	7.2	12.95	3.9 - 22.7	4.04
Área foliar específica (cm2/g)	151.1	181.2	153.75	52.4 - 213.3	27.71
Peso específico da folha (g/cm)	6.6	5.5	6.85	4.4- 18.6	1.71
N.º de dias para arranque	101	121	111.9	86 - 131	9.11
N.º de dias para o aparecimento da panícula	107	131	119.44	93 - 138	9.33
N.º de dias para a rubrica	113	135	125.2	99 - 144	9.16
N.º de dias até ao vencimento	165	163	165.71	158- 176	3.54
Peso do grão (g/planta)	1.7	1.6	3.44	0.3 - 21.5	2.44
Peso da palha (g/planta)	12.8	7.2	13.05	6.2 - 44.1	5.54
Peso do rebento (g/planta)	14.9	9.1	17.07	7.9 - 59.8	7.72
Índice de colheita	11.5	18.1	19.6	2.8 - 40.4	6.81
Peso de 1000 sementes completamente cheias	21	18	14.14	2.9 - 19.4	2.2
Peso de 1000 sementes parcialmente cheias	-	-	21.02	14.6 -28.8	2.34
Esterilidade das espiguetas	-	-	66.96	18-94.8	14.67

Figura 4.4: Distribuição de frequência dos 154 DHLs para caraterísticas morfológicas, fenológicas e relacionadas com a produção em condições de stress hídrico no campo.

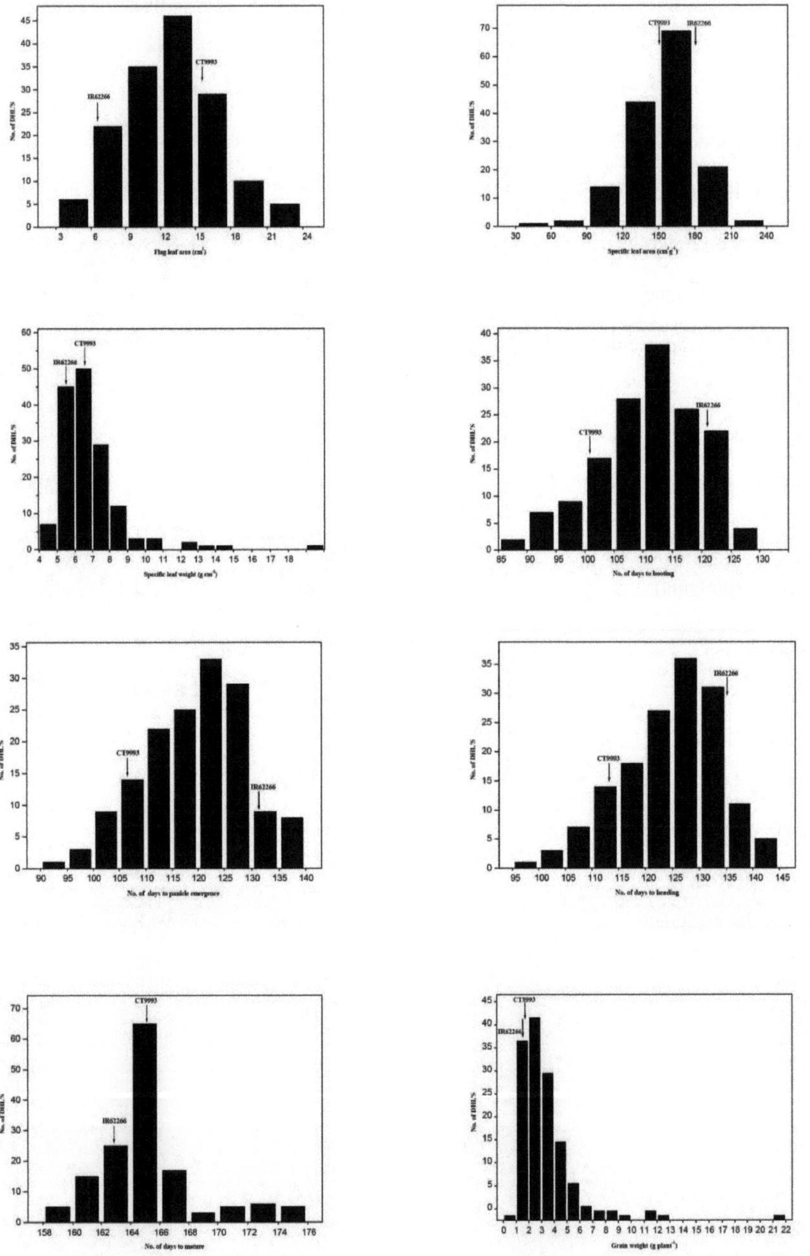

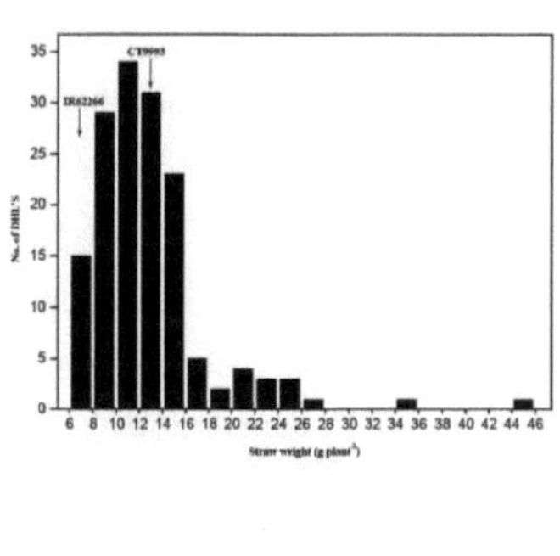

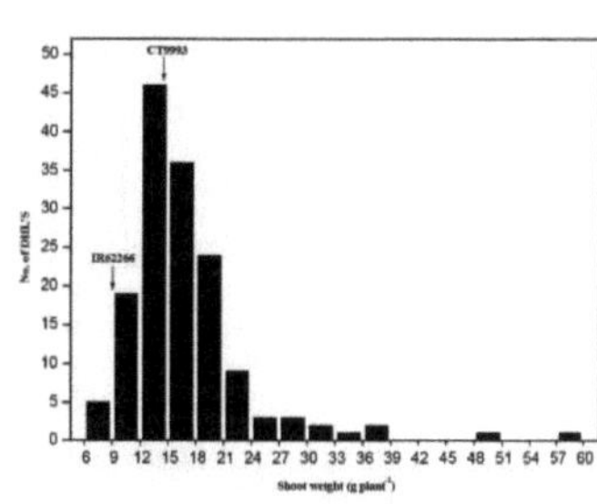

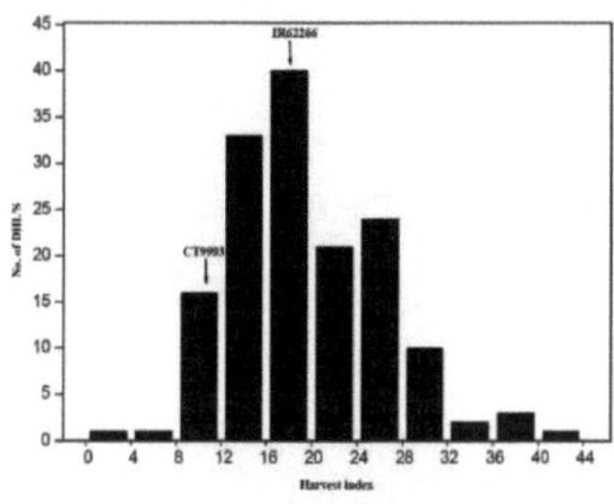

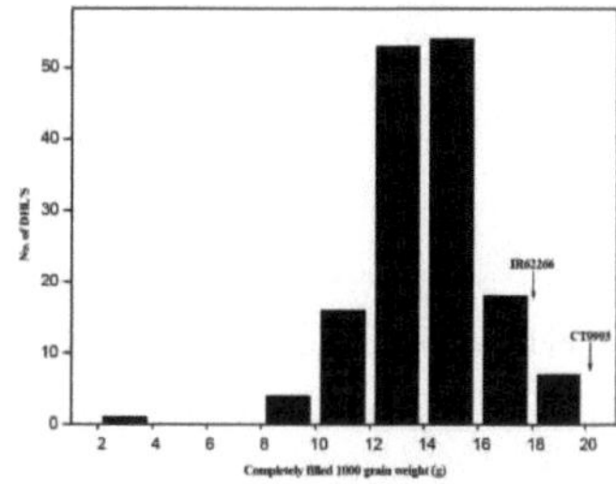

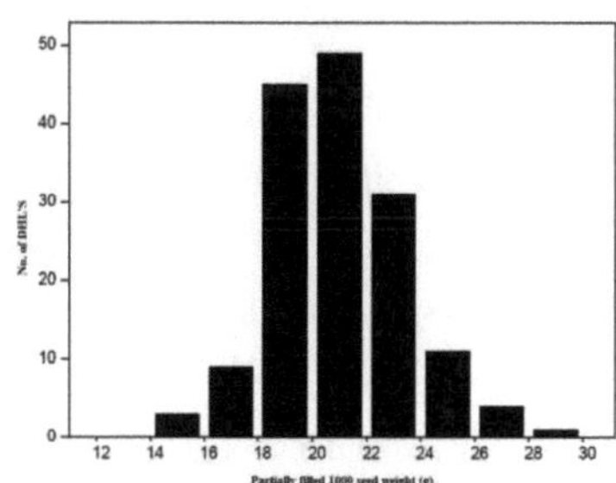

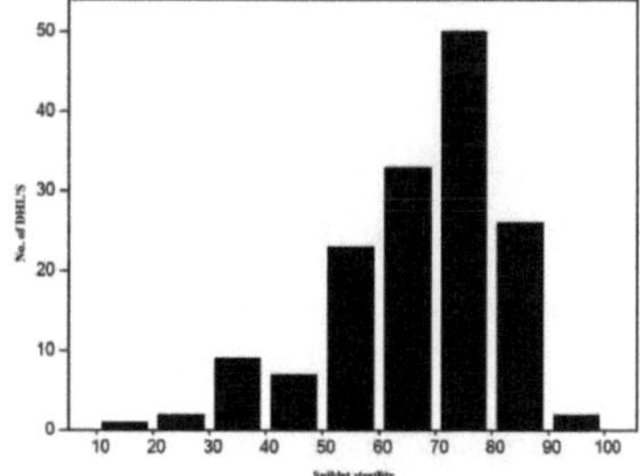

4.1.5 Correlações de traços

As correlações entre pares de caracteres foram calculadas a $p < 0,05$ e $p < 0,01$ usando correlações de Pearson no sistema SAS usando médias de caraterísticas. As correlações dos pares de caracteres entre as caraterísticas foram resumidas na **Tabela 4.4**. A área da folha bandeira sob estresse mostrou uma correlação positiva significativa com a área foliar específica (0,52), peso da palha (0,27), peso do broto (0,26) e peso de mil sementes completamente cheias (0,27). Está negativamente correlacionado com o peso específico da folha (-0,49), o número de dias para o arranque (-0,38), a emergência da panícula (0,41), o arranque (-0,43) e a maturidade (-0,3). Não foi observada uma correlação significativa entre a área da folha bandeira sob stress com o índice de colheita e a esterilidade das espiguetas. Verificou-se que a área foliar específica sob stress tem uma correlação negativa significativa com o peso foliar específico (-0,91), o número de dias até ao arranque (-0,23), a emergência da panícula (-0,22), o avanço (-0,21), a maturidade (0,20) e o peso do grão (-0,71), embora não tenha uma correlação significativa com o peso da palha, o peso do rebento, o índice de colheita, o peso de mil sementes completamente cheias, o peso de mil sementes parcialmente cheias e a esterilidade das espiguetas.

Verificou-se que o peso específico das folhas sob stress tinha uma correlação positiva significativa com o número de dias até ao arranque (0,27), a emergência da panícula (0,25), a maturidade da cabeça (0,24) e o peso do grão (0,18), e uma correlação negativa com a esterilidade das espiguetas (0,15). O número de dias para o arranque sob stress de seca no campo teve uma correlação positiva significativa com a emergência da panícula (0,97), a maturidade (0,95) e o índice de colheita (0,14), enquanto que teve uma correlação negativa com a esterilidade das espiguetas (-0,39). Curiosamente, não há correlação entre o número de dias até a maturidade e o rendimento de grãos. O número de dias para a emergência da panícula e para a cabeça sob stress de seca mostrou uma correlação negativa significativa com o peso da palha (0,14 e -0,17), esterilidade das espiguetas (-0,4 e -0,38) e uma correlação positiva com o número de dias até à maturidade (0,15 e 0,18). O número de dias até a maturidade mostrou correlação negativa com o índice de colheita (-0,2) e com o peso de mil sementes parcialmente cheias (-0,15), enquanto a correlação positiva com a esterilidade das espiguetas (0,19). Curiosamente, o peso do grão por planta apresentou uma correlação positiva significativa com o peso da palha (0,69), o peso do rebento (0,85) e o índice de colheita (0,62) e uma correlação negativa significativa com a esterilidade das espiguetas (-0,34) em condições de stress hídrico no campo. O peso do rebento mostrou uma correlação positiva com o índice de colheita (0,18). O índice de colheita mostrou uma correlação positiva significativa com o peso de mil sementes completamente cheias (0,21) e uma correlação negativa com a esterilidade das espiguetas (-0,75). O peso de mil sementes completamente cheias mostrou uma correlação significativa com o peso de mil sementes parcialmente cheias (0,52).

Tabela 4.4: Coeficientes de correlação entre área foliar bandeira (AF), área foliar específica (AFE), peso foliar específico (PFE), dias para o arranque (DC), dias para a emergência da panícula (DPE), dias para o espigamento (DH), dias para a maturação (DM), peso do grão (GW), peso da palha (STWt), peso de rebentos (SHWt), índice de colheita (HI), peso de mil sementes completamente cheias (CFSWt), peso de mil sementes parcialmente cheias (PFSWt) e esterilidade de espiguetas (SS) sob stress de seca no campo (ICRISAT, Índia 2001) numa população de linhas DH de arroz.

	FLA	SLA	SLW	DB	DPE	DH	DM	GW	STW	SHW	HI	CFSW	PFSW	SS
FLA	1													
SLA	0.52 **	1												
SLW	-0.49 **	-0.91 **	1											
DB	-0.38 **	-0.23**	0.27 **	1										
DPE	-0.41 **	-0.22 **	0.25 **	0.97 **	1									
DH	-0.43 **	-0.21 *	0.24 **	0.95 **	0.98 **	1								
DM	-0.3 **	-0.20 *	0.18 *	0.13	0.15 *	0.18 *	1							
GW	0.17 *	-0.17 *	0.18 *	0.07	0.03	-0.001	-0.02	1						
STW	0.27 **	-0.09	0.06	-0.1	-0.14 *	-0.17 *	0.02	0.69 **	1					
SHW	0.26 **	-0.12	0.1	-0.06	-0.1	-0.13 *	0.02	0.85**	0.98 **	1				
HI	-0.03	-0.1	0.12	0.14 **	0.13 *	0.11	-0.2 *	0.62 **	-0.03	0.18 *	1			
CFSW	0.27 **	0.03	0.01	-0.05	-0.09	-0.09	-0.04	0.19 *	0.06	0.1	0.21 **	1		
PFSW	0.12	0.03	-0.001	-0.05	-0.06	-0.06	-0.15 *	0.05	0.07	0.07	0.05	0.52 **	1	
SS	0.11	0.12	-0.15 *	-0.39 *	-0.4 **	-0.38 **	0.19 *	-0.34 **	0.18 *	0.03	-0.75 **	-0.04	0.05	1

$p < 0.01$= ** $p < 0.05$= *

FLA-Flag leaf area SLA-Specific leaf area SLW-Specific leaf weight DB-Days to boot DPE-Days to panicle emergence
DH-Days to heading DM-Days to maturity GW-Grain weight STW-Straw weight SHW-Shoot weight
HI-Harvest index CFSW-Completely thousand seed weight PFSW-Partially filled thousand seed weight
SS-Spikelet sterility

4.2 Mapeamento de QTL

4.2.1 Identificação e mapeamento de QTLs para caraterísticas morfológicas, fenológicas e relacionadas com o rendimento: O mapeamento foi realizado para identificar QTLs para caraterísticas selecionadas, incluindo o rendimento de grãos, em condições de stress de seca no campo. Os QTLs foram detectados por mapeamento de intervalo usando MAPMAKER/QTL v1.1 (Lincoln *et al.,* 1992) com um limiar LOD > 2.1 e por mapeamento de intervalo composto usando QTL cartographer v 2.0 (Basten *et al.,* 2003). Foi fixado um rácio de verosimilhança (LR) de 9,7 (equivalente ao limiar LOD 2,1) no QTL cartographer.

4.2.1.1 Mapeamento de intervalos por MAPMAKER/QTL

O mapeamento por intervalos com um limiar LOD de 2,1 identificou um total de 98 QTLs para as 14 caraterísticas estudadas, tanto em condições de controlo como de stress hídrico no campo. Os resultados do mapeamento de intervalo pelo MAPMAKER/QTL são apresentados no **Quadro 4.5**; as representações pictóricas utilizadas para indicar diferentes caraterísticas são apresentadas na **Fig. 4.5** e a localização do QTL no mapa de ligação é apresentada na **Fig. 4.6**. Para cada uma das caraterísticas, identificámos um a dez QTLs que explicam uma variância percentual de 6 a 19. Foi seguido o método padrão Mc Couch (1997) para nomear e numerar os QTL.

Figura 4.5: Representações pictóricas utilizadas para indicar diferentes caraterísticas

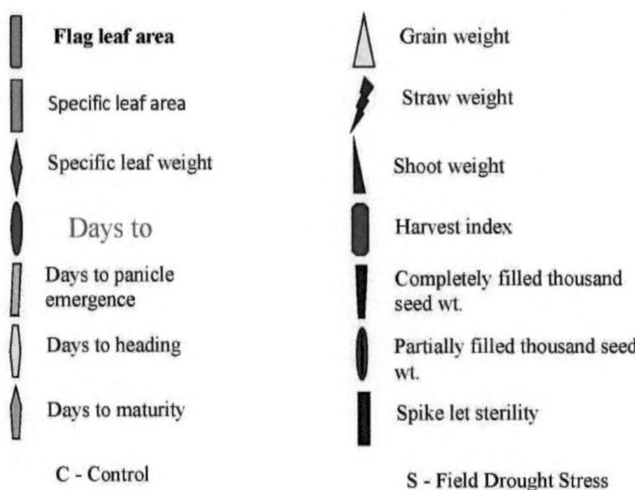

Tabela 4.5: QTL's detectados com LOD > 2.0 para área da folha bandeira (cm2), área foliar específica (cm2⁄g), peso específico da folha (g/cm), dias para o enraizamento, dias para a emergência da panícula, dias para a cabeça, dias para a maturidade, peso do grão (g/planta), peso da palha (g/planta), peso do rebento (g/planta), índice de colheita, peso de mil sementes completamente cheias, peso de mil sementes parcialmente cheias, e esterilidade de espiguetas (%) por mapeamento de intervalo via Mapmaker-QTL v 1.1 em uma população de arroz duplo-haploide de 154 linhagens de CT9993 e IR62266. Os nomes e números dos QTLs estão de acordo com Mc. Couch *et al.*, 1997

Caraterísticas	QTL	Chr #	Marcadores de flanco	Pos *	% R2	Adicionar	LOD
Folha de bandeira com stress	*qSFLA-1*	1	CDO345-RZ909	12	10.5	1.47 (C)	2.95
	qSFLA-2	2	TGMSP2-ME97	0	9.0	2.09 (I)	2.92
	qSFLA-3	3	RZ474-C746	6	12.3	1.57 (C)	4.1
	qSFLA-4-1	4	RG476-RM348	0	18.9	1.82 (C)	6.93
	qSFLA-4-2	4	RG214-RG620	10	19.2	1.96 (C)	5.77
	qSFLA-7	7	RG417-EM173	6	7.3	1.14 (C)	2.36
	qSFLA-8	8	C1121-RM339	8	6.7	1.12 (C)	2.11
	qSFLA-9	9	ME93-ME96	4	9.6	1.38 (C)	3.21
	qSFLA-9	9	RG141-RM205	2	10.7	1.39 (C)	3.56
	qSFLA-12	12	ME612-G2140	0	9.5	1.32 (C)	3.3
Folha de bandeira areacontrolo	*qCFLA-1*	1	CDO345-RZ909	14	14.2	1.79 (C)	3.78
	qCFLA-2	2	EM1813-TGMSP2	8	8.7	2.23 (I)	2.8
	qCFLA-4-1	4	RG476-RM348	0	16.9	1.83 (C)	5.94
	qCFLA-4-2	4	RG214-RG620	10	17.2	1.96 (C)	4.77
	qCFLA-7	7	EM173-ME215	4	10.3	1.48 (C)	3.28
	qCFLA-9	9	RG667-RM215	2	6.6	1.27 (C)	2.10
	qCFLA-10	10	G333-RG257	4	13.0	1.57 (C)	4.29
Área foliar específica - stress	*qSSLA-3*	3	RZ474-C746	6	6.5	7.88 (C)	2.10
	qSSLA-4	4	RG214-RG620	12	8.3	8.94 (C)	2.19

	qSSLA-6	6	RZ516-C325	20	10.1	10.69 (C)	2.21
	qSSLA-9	9	RM245-RG141	0	11.1	9.65 (C)	3.85
Controlo específico da superfície foliar	*qCSLA-6*	6	RZ516-C235	28	9.9	11.23 (C)	2.16
	qCSLA-9	9	RG667-RM215	2	8.5	9.69 (C)	2.58
	qCSLA-10	10	R1629-EM1410	0	9.9	9.02 (C)	3.35
Peso específico das folhas - stress	*qSSLW-9*	9	RM245-RG141	0	7.5	0.49 (I)	2.55
Controlo específico do peso das folhas	*qCSLW-6-1*	6	RZ516-C235	28	11.0	0.56 (I)	2.29
	qCSLW-6-2	6	RZ405-RG653	0	6.4	0.34 (C)	2.1
	qCSLW-9	9	RG667-RM215	2	9.0	0.47 (I)	2.87
	qCSLW-10	10	G333-RG257	0	7.3	0.36 (I)	2.43
	qCSLW-11	11	RG1109-G1465	0	6.9	0.38 (I)	2.16
Dias de bootstress	*qSDB-1*	1	CDO345-RZ909	0	8.8	2.71 (I)	3.05
	qSDB-3-1	3	RG104-EM119	6	7.1	3.01 (I)	2.28
	qSDB-3-2	3	RM282-EM131	8	9.4	2.99 (I)	2.89
	qSDB-7	7	RG417-EM173	2	7.3	2.67 (I)	2.39
Dias para o bootcontrol	*qCDB-3*	3	RG104-EM119	4	8.4	3.84 (I)	2.89
	qCDB-3	3	R2170-RZ672	0	8.3	3.12 (I)	2.82
Dias para a emergência da panícula - stress	*qSDPE-1*	1	CDO345-RZ909	0	9.4	2.88 (I)	3.29
	qSDPE-2	2	C1419-EM1110	8	8.5	3.62 (C)	2.22
	qSDPE-3-1	3	RG104-EM119	6	10.8	3.82 (I)	3.32
	qSDPE-3-2	3	RM282-EM131	8	10.2	3.19 (I)	3.13
	qSDPE-7	7	RG417-EM173	2	6.5	2.58 (I)	2.12
Dias até à emergência da panícula - controlo	*qCDPE-3*	3	RG104-EM119	4	9.5	4.03 (I)	3.03
	qCDPE-3	3	RZ672-RG913	10	8.5	3.24 (I)	2.76
Dias até ao stress da cabeça	*qSDH-1*	1	RG109-RM104	0	12.6	3.37 (I)	4.48
	qSDH-2	2	C1419-EM1110	8	8.3	3.49 (C)	2.17
	qSDH-3-1	3	RG104-EM119	6	8.4	3.3 (I)	2.73
	qSDH-3-2	3	RM282-EM131	8	10.0	3.11 (I)	3.02
Dias até ao controlo da cabeça	*qCDH-3*	3	RG104-EM119	6	9.3	3.86 (I)	2.97
	qCDH-3	3	R2170-RZ672	0	8.1	2.92 (I)	2.77
Dias até à maturidadeestresse	*qSDM-1-1*	1	RM23-RM5	10	6.9	0.95 (C)	2.18
	qSDM-1-2	1	RM104-ME1014	0	8.5	1.08 (I)	2.83
	qSDM-2	2	TGMSP2-ME97	0	15.9	2.47 (C)	5.28
	qSDM-7	7	RG417-EM173	6	8.2	1.03 (I)	2.7
	qSDM-10	10	RG257-EM115	2	9.7	1.13 (I)	3.16
Peso dos grãos	*qSGW-4*	4	RG163-RG939	0	6.8	0.66 (C)	2.35
Controlo do peso dos cereais	*qCGW-3*	3	ME76-RZ598	2	6.8	0.05 (I)	2.22
	qCGW-9	9	RG667-RM215	2	8.5	0.06 (I)	2.77
	qCGW-10-1	10	RM216-G333	6	8.3	0.05 (I)	2.65
	qCGW-10-2	10	RM304-RG561	20	7.5	0.06 (I)	2.21
	qCGW-11-1	11	C477-EM1710	0	6.2	0.06 (C)	2.1
	qCGW-11-2	11	RG1109-G1465	0	6.9	0.05 (I)	2.15
Peso da palhaestresse	*qSSTW-1*	1	RG109-RM104	0	8.8	1.69 (C)	3.04
	qSSTW-9	9	ME413-ME1015	0	6.0	1.58 (C)	2.1
Controlo do peso da palha	*qCSTW-2*	2	C1419-EM1110	10	7.3	0.07 (C)	2.1
	qCSTW-3	3	ME76-RZ598	2	6.4	0.05 (I)	2.11
	qCSTW-9	9	RG667-RM215	2	8.5	0.07 (I)	2.77
	qCSTW-10-	10	RM216-G333	6	8.6	0.06 (I)	2.74

	1						
	qCSTW-10-2	10	RM304-RG561	20	7.6	0.06 (I)	2.22
	qCSTW-11	11	RG1109-G1465	0	6.7	0.05 (I)	2.1
Atirar pesoestresse	*qSSHW-9*	9	R41-ME210	10	6.4	2.15 (C)	2.12
Controlo de peso	*qCSHW-3*	3	ME76-RZ598	2	6.8	0.1 (I)	2.24
	qCSHW-9	9	RG667-RM215	2	8.6	0.13 (I)	2.82
	qCSHW-10- 1	10	RM216-G333	6	8.3	0.11 (I)	2.65
	qCSHW-10- 2	10	RM304-RG561	20	7.6	0.12 (I)	2.24
	qCSHW-11	11	RG1109-G1465	0	7.0	0.11 (I)	2.18
Índice de colheitaestresse	*qSHI-1*	1	ME418-EM1111	2	9.2	2.13 (I)	3.09
	qSHI-3	3	RM55-RG1356	14	9.7	2.45 (I)	2.65
	qSHI-7	7	ME43-EM1511	4	7.8	2.17 (I)	2.47
	qSHI-8	8	C1121-RM339	6	7.7	2.06 (I)	2.23
Controlo do índice de colheita	*qCHI-3*	3	RM55-RG1356	14	8.6	1.91 (I)	2.64
	qCHI-8	8	ME91-ME21	0	7.5	1.63 (I)	2.59
Mil sementes completamente cheias de peso e stress	*qSCFSW-3*	3	C746-ME82	2	11.4	0.78 (C)	3.49
	qSCFSW-8	8	G187-ME211	0	6.3	0.55 (I)	2.14
	qSCFSW-9	9	K936-EMP32c	2	8.6	0.66 (C)	2.92
	qSCFSW-12	12	ME66-ME103	0	7.2	0.7 (C)	2.46
Controlo de peso com mil sementes completamente cheias	*qCCFSW-3*	3	ME82-RM168	0	10.7	0.98 (C)	3.65
	qCCFSW-7	7	EM173-ME215	0	6.7	0.76(C)	2.24
	qCFSW-9-1	9	EMP32c-EM159	0	11.3	1.00 (C)	3.86
	qCCFSW-9-2	9	R41-ME210	6	9.8	1.05 (C)	2.99
	qCCFSW-12	12	ME66-ME103	0	8.2	1.02 (I)	2.75
Peso de mil sementes parcialmente cheias - stress	*qSPFSW-2*	2	RG158-RM250	18	8.1	0.74 (C)	2.15
Controlo de peso de mil sementes parcialmente cheias	*qCPFSW-2*	2	EM1813-TGMSP2	6	10.8	1.20 (I)	2.97
Esterilidade das espiguetasestresse	*qSSS-3-1*	3	RM282-EM131	4	8.7	4.65 (C)	2.61
	qSSS-3-2	3	RM55-RG1356	14	9.8	5.28 (C)	2.52
	qSSS-4	4	RM348-RG214	0	8.8	4.38 (C)	3.05
	qSSS-6	6	RM275-RZ682	4	7.2	4.20 (I)	2.1
Controlo da esterilidade das espiguetas	*qCSS-3-1*	3	RM282-EM131	0	9.2	4.09 (C)	3.09
	qCSS-3-2	3	RM168-RM186	4	8.6	3.99 (C)	2.63

Chr # - Número do cromossoma

% R2 - percentagem de variância explicada

Pos * - Posição do QTL identificado Add # - Aditivo

4.2.1.1.1 Caracteres da folha

Área da folha bandeira: Um total de 17 QTLs foram identificados nos cromossomas 1, 2, 3, 4, 7, 8, 9, 10 e 12 controlando a área da folha bandeira (FLA) em condições de controlo e de stress de seca no campo. O QTL qSFLA4.2 explicou a maior proporção da variância fenotípica, 19,2 %, sob condições de stress com LOD 5,77.

A mesma região também controla o FLA em condições de controlo, qCFLA4.2, que explicou a variância fenotípica de 17,2%. Existem três QTLs comuns identificados em localizações cromossómicas que afectam o FLA em condições de controlo e de stress: CDO345-RZ909 no cromossoma 1, que explica 14,2 % da variância no controlo a LOD 3,78 e 10,5 % da variância no stress a LOD 2,95; RG476-RM348 e RG214-RG620 no cromossoma 4, que explicam 16,9 % e 17,2 % da variância no controlo a LOD 5,94 e 4,77 e 18,9 % e 19,2 % da variância no stress a LOD 6,93 e 5,77, respetivamente. Foram identificados quatro QTLs no controlo; qCFLA2 (EM1813- TGMSP2), q CFLA7 (EM173-ME215), q CFLA9 (RG667-RM215) e qCFLA10 (G333-RG257), que explicam uma variância percentual de 8,7 (LOD 2,8), 10,3 (LOD 3,28), 6,6 (LOD 2,1) e 13,0 (LOD 4,29), respetivamente. Seis QTLs foram identificados no estresse qSLA2 (TGMSP2-ME97), qSFLA3 (RZ474-C746), qSFLA7 (RG417-EM173), qSFLA8 (C1121-RM339), qSFLA9-1 (ME93-ME96), qSFLA9-2 (RG141-RM205) e qSFLA12 (ME612-G2140) que explicam a variância percentual de 9 (LOD 2.92), 12,3 (LOD 4,1), 7,3 (LOD 2,36), 6,7 (LOD 2,11), 9,6 (LOD 3,21), 10,7 (LOD 3,56) e 9,5 (LOD 3,3), respetivamente. Exceto qCFLA2 e qSFLA2, todos os alelos favoráveis que contribuem para a área da folha bandeira são do progenitor tolerante CT9993.

Área foliar específica: Foi identificado um total de sete QTLs nos cromossomas 3, 4, 6, 9 e 10 que afectam a área foliar específica (SLA) em condições de stress de seca no campo e em condições de controlo. Quatro QTLs foram identificados em condições de stress, qSSLA3 (RZ474-C746), qSSLA4 (RG214-RG620), qSSLA6 (RZ516- C325) e qSSLA9 (RM245-RG141) que explicam a variância percentual de 6,5 (LOD 2,1), 8,3 (LOD 2,19), 10,1 (LOD 2,21) e 11,1 (LOD3,85) respetivamente. Foram identificados três QTLs no controlo, qCSLA6 (RZ516-C325), qCSLA9 (RG667-RM215) e qCSLA10 (R1629-EM1410), que explicam a variância percentual de 9,9 (LOD 2,16), 8,5 (LOD 2,58) e 9,9 (LOD 3,35), respetivamente. O progenitor tolerante CT9993 contribui com os alelos favoráveis para a área foliar específica, tanto em condições de stress hídrico no campo como em condições de controlo.

Peso específico da folha: Foi identificado um total de seis QTLs nos cromossomas 6, 9, 10 e 11 que afectam o peso específico das folhas (SLW) em condições de controlo e de stress de seca no campo. Foi identificado um QTL em stress, qSLW9 (RM245-RG141) que representou uma variância percentual de 7,5 com uma pontuação LOD máxima de 2,55. Foram identificados cinco QTLs no controlo: qCSLW6-1 (RZ516-C235), qCSLW6-2 (RZ405- RG653), qCSLW9 (RG667-RM215), qCSLW10 (G333-RG257) e qCSLW11 ((RG1109-G1465) que explicam a variância percentual de 11 com pontuação de pico LOD de 2.29, 6,4 com pontuação de LOD de pico de 2,1, 9 com pontuação de LOD de pico de 2,87, 7,3 com pontuação de LOD de pico de 2,43 e 6,9 com pontuação de LOD de pico de 2,16, respetivamente. Com exceção da região qCSLW6-2, todos os alelos favoráveis que contribuem para o peso específico das folhas provêm do progenitor suscetível, IR62266, tanto em condições de stress hídrico no campo como em condições de controlo.

4.2.1.1.2 Caracteres fenológicos

Dias para arranque: Foi identificado um total de seis QTLs nos cromossomas 1, 3 e 7 que controlam a caraterística dias para arranque em condições de controlo e de stress de seca no campo. Foram identificados quatro QTLs em condições de stress: qSDB1 (CDO345-RZ909), qSDB3-1 (RG104-EM119), qSDB3-2

(RM282-EM131) e qSDB7 (RG417-EM173), que explicam a variância percentual de 8,8 com pontuação máxima de LOD 3,05, 7,1 com pontuação máxima de LOD 2,28, 9,4 com pontuação máxima de LOD 2,89 e 7,3 com pontuação máxima de LOD 2,39, respetivamente. Foram identificados dois QTLs no controlo: qCDB3-1 (RG104-EM119) e qCDB3-2 (R2170-RZ672), que explicam a variância percentual de 8,4 com um pico de LOD score de 2,89 e 8,3 com um pico de LOD score de 2,82, respetivamente. O progenitor suscetível IR62266 contribui com alelos favoráveis para os QTLs que afectam os dias de arranque em condições de controlo e de stress hídrico no campo.

Dias para a emergência da panícula: Foi identificado um total de 7 QTLs nos cromossomas 1, 2, 3 e 7 que afectam a caraterística dias para a emergência da panícula (a partir da folha bandeira) em condições de controlo e de stress de seca no campo. Cinco QTLs foram identificados em condições de estresse hídrico no campo: qSDPE1 (CDO345-RZ909), qSDPE2 (C1419-EM1110), qSDPE3-1 (RG104-EM119) qSDPE3-2 (RM282-EM131) e qSDPE7 (RG417- EM173), que explicam a variância percentual de 9.4 com pontuação máxima de LOD de 3,29, 8,5 com pontuação máxima de LOD de 2,22, 10,8 (LOD 3,32), 10,2 (LOD 3,13) e 6,5 com pontuação máxima de LOD de 2,12, respetivamente. Foram identificados dois QTLs no controlo: qCDPE3-1 (RG104-EM119) e qCDPE3-2 (RZ672-RG913), que explicam a variância percentual de 9,5 com um pico de LOD de 3,03 e 8,5 com um pico de LOD de 2,76, respetivamente. O progenitor suscetível IR62266 contribui com alelos favoráveis para todos os QTLs, exceto para o QTL qSDPE2, que provém do progenitor CT9993, que controla os dias até à emergência da panícula em condições de controlo e de stress hídrico no campo.

Dias para a colheita: Foi identificado um total de seis QTLs nos cromossomas 1, 2 e 3 que afectam a caraterística dias para a cabeça em condições de controlo e de stress de seca no campo. Foram identificados quatro QTLs em condições de stress: qSDH1 (RG109-RM104), qSDH2 (C1419-EM1110), qSDH3-1 (RG104-EM119) e qSDH3-2 (RM282-EM131), que explicam a variância percentual de 12,6 com pontuação máxima de LOD de 4,48, 8,3 com pontuação máxima de LOD de 2,17, 8,4 com pontuação máxima de LOD de 2,73 e 10 com pontuação máxima de LOD de 3,02, respetivamente. Foram identificados dois QTLs no controlo: qCDH3-1 (RG104-EM119) & qCDH3-2 (R2170-RZ672), que explicam a variância percentual de 9,3 com um pico de LOD score de 2,97 e 8,1 com um pico de LOD score de 2,77, respetivamente. O progenitor suscetível IR62266 contribui com alelos favoráveis para todos os QTLs, enquanto o CT9993 contribui com alelos favoráveis na região qSDH2 para dias até à emergência da panícula em condições de controlo e de stress hídrico no campo.

Dias até à maturidade: Foi identificado um total de cinco QTLs nos cromossomas 1, 2, 7 e 10 que afectam a caraterística dias até à maturidade em condições de stress de seca no campo: qSDM1-1 (RM23-RM5), qSDM1-2 (RM104-EM1014), qSDM2 (TGMSP2-ME97), qSDM7 (RG417-EM173) e qSDM10 (RG257- EM115), que explicam a variância percentual de 6.9 com pontuação de LOD de pico de 2,18, 8,5 com pontuação de LOD de pico de 2,83, 15,9 com pontuação de LOD de pico de 5,28, 8,2 com pontuação de LOD de pico de 2,7 e 9,7 com pontuação de LOD de pico de 3,16, respetivamente. Todos os alelos favoráveis, que controlam os dias até à maturidade em condições de stress, provêm do progenitor suscetível IR62233, exceto o qSDM1-1 e o qSDM2, que provêm do progenitor tolerante CT9993.

4.2.1.1.3 Caraterísticas da biomassa e do rendimento

Peso da palha: Foram identificados um total de 8 QTLs nos cromossomas 1, 2, 3, 9, 10 e 11 relacionados com o peso da palha e o peso do rebento em condições de controlo e de stress. Dois QTLs, qSSTW1 (RG109-RM104) e qSSTW9 (ME413-ME1015) foram identificados sob stress de seca, explicando 8,8 por cento da variância com o pico de LOD de 3,04 e 6 por cento da variância com o pico de LOD de 2,1, respetivamente. Seis dos QTLs, a saber, qCSTW2 (C1419-EM1110), qCSTW3 (ME76-RZ598), qCSTW9 (RG667-RM215), qCSTW10-1 (RM216-G333), qCSTW10-2 (RM304-RG561) e qCSTW11 (RG1109-G1465) foram identificados, contribuindo com uma variância percentual de 7,3 com pontuação de LOD de pico de 2.1, 6,4 com pico de LOD score de 2,11, 8,5 com pico de LOD score de 2,77, 8,6 com pico de LOD score de 2,74, 7,6 com pico de LOD score de 2,22 e 6,7 com pico de LOD score de 2,1, respetivamente, que afectam o peso da palha em condições de controlo. Todos os alelos favoráveis, que controlam o peso da palha em condições de stress, provêm do progenitor tolerante CT9993. No entanto, em condições de controlo, exceto para qCSTW2, todos os alelos favoráveis são do progenitor suscetível IR62266.

Peso do rebento: Foi identificado um total de 6 QTLs nos cromossomas 3, 9, 10 e 11 relacionados com a caraterística peso do rebento em condições de controlo e de stress. Os QTLs para o peso da palha em controlo foram mapeados na mesma região cromossómica que o peso da palha no cromossoma 3 (ME76-RZ598), no cromossoma 9 (RG667-RM215), no cromossoma 10 (RM216-G333; RM304-RG561) e no cromossoma11 (RG1109- G1456). Foi identificado um único QTL para o peso do rebento em condições de stress no cromossoma 9 (R41-ME210), que contribui com 6,4 % da variância (LOD 2,12). Todos os alelos favoráveis para o peso dos rebentos no controlo são do IR62266 e em condições de stress são do progenitor tolerante CT9993.

Peso dos grãos: Foram identificados sete QTLs para o peso do grão em condições de controlo e de stress. Um único QTL para o peso do grão em condições de stress foi mapeado para a região RG163-RG939 no cromossoma 4, explicando uma variância percentual de 6,8 com uma pontuação LOD máxima de 2,35. Seis dos QTLs para o peso do grão no controlo foram mapeados na região ME76-RZ598 no cromossoma 3, na região RG667-RM215 no cromossoma 9, nas regiões RM216-G333; RM304-RG561 no cromossoma 10, na região C477-EM1710 no cromossoma 11 e na região RG1109-G1465 no cromossoma 11. Com exceção do qCGW11-1, os alelos favoráveis em condições de controlo provêm do IR62266, enquanto que em condições de stress provêm do progenitor tolerante CT9993.

Índice de colheita: Foram identificados seis QTLs para o índice de colheita nos cromossomas 1, 3, 7 e 8 em condições de controlo e de stress hídrico. Destes, quatro QTLs foram mapeados no cromossoma 1 (ME418-EM1111), no cromossoma 3 (RM55-RG1356), no cromossoma 7 (ME43-EM1511) e no cromossoma 8 (C1121-RM339), que explicam a variância percentual de 9,2, 9,7, 7,8 e 7,7 com picos de LOD de 3,09, 2,65, 2,47 e 2,23, respetivamente. Foram identificados dois QTLs no controlo do índice de colheita em condições de controlo, que foram mapeados no cromossoma 3 (RM55-RG1356) e no cromossoma 8 (ME91- ME21), explicando uma variância percentual de 8,6 e 7,5 com picos de LOD de 2,64 e 2,59, respetivamente. Todos os alelos favoráveis que contribuem para a caraterística do índice de colheita provêm do progenitor suscetível

IR62266, tanto em condições de controlo como de stress hídrico no campo.

Peso de 1000 sementes completamente cheias: Nove QTLs para o peso de 1000 sementes completamente cheias foram identificados nos cromossomas 3, 7, 8, 9 e 12, contribuindo tanto para as condições de controlo como para as de stress de seca. Quatro QTLs foram identificados em condições de stress de seca, a saber qSCFSW3, qSCFSW8, qSCFSW9 e qSCFSW12 foram mapeados no cromossoma 3 (C746-ME82), no cromossoma 8 (G187-ME211), no cromossoma 9 (K936-EMP32c) e no cromossoma 12 (ME66-ME103) que explicam a variância percentual de 11,4, 6,3, 8,6 e 7,2 com uma pontuação LOD máxima de 3,49, 2,14, 2,92 e 2,46, respetivamente. Cinco QTLs identificados no controlo, viz, qCCFSW3, qCCFSW7, qCCFSW9-1, qCCFSW9-2 e qCCFSW12, foram mapeados no cromossoma 3 (ME82-Rm168), no cromossoma 7 (EM173-ME215), dois QTLs foram mapeados no cromossoma 9 (EMP32c-EM159 e R41-ME210) e um no cromossoma 12 (ME66-ME103) que explicam a variância percentual de 10.7, 6.7, 11.3, 9.8 e 8.2 com pico de LOD score de 3.65, 2.24, 3.86, 2.99 e 2.75 respetivamente. Exceto para as regiões QTL qSCFSW8 e qCCFSW12, todos os alelos favoráveis para o resto das regiões QTL são do progenitor tolerante, CT9993.

Peso de 1000 sementes parcialmente cheias: Foram identificados dois QTLs no cromossoma 2 relacionados com o peso de 1000 sementes parcialmente cheias em condições de controlo e de stress de seca no campo. Um único QTL, qSPFSW2, identificado em condições de stress foi mapeado no cromossoma 2 (RG158-RM250) explicando a variância percentual de 8,1 com uma pontuação LOD máxima de 2,15. Outro QTL, qCPFSW2, identificado na condição de controlo, foi mapeado no cromossoma 2 (EM1813-TGMSP2), explicando uma variação percentual de 10,8 com uma pontuação máxima de LOD de 2,97. O progenitor tolerante CT 9993 contribui com alelos favoráveis em condições de stress e o progenitor suscetível IR62266 contribui com esses alelos em condições de controlo.

Esterilidade de espiguetas: Seis QTLs para esterilidade de espiguetas foram identificados nos cromossomas 3, 4 e 6 em condições de controlo e de stress de seca no campo. Quatro QTLs foram identificados em condições de stress, viz, qSSS3-1, qSSS3-2, qSSS4 e qSSS6, que foram mapeados nos cromossomos 3 (RM282-EM131 e RM55-RG1356), no cromossomo 4 (RM348-RG214) e no cromossomo 6 (RM27-RZ682), que explicam a variância percentual de 8,7, 9,8, 8,8 e 7,2 com pontuação de LOD de 2,61, 2,52, 3,05 e 2,1, respetivamente. Dois QTLs, qCSS3-1 e qCSS3-2, identificados em condições de controlo, foram mapeados no cromossoma 3 (RM282-EM131 e RM168-RM186), explicando uma variância percentual de 9,2 e 8,6 com uma pontuação máxima de LOD de 3,09 e 2,63, respetivamente. Exceto para a região qSSS6, os alelos favoráveis para o resto dos QTLs são do progenitor tolerante CT9993 que controla a caraterística esterilidade das espiguetas.

Fig. 4.6: Mapa genético molecular do arroz baseado em 154 linhas duplo-haplóides derivadas de CT9993/IR62266. São indicadas as posições dos QTLs para catorze caraterísticas. S = QTLs detectados em condições de stress de seca no campo. C = QTLs detectados em condições de controlo.

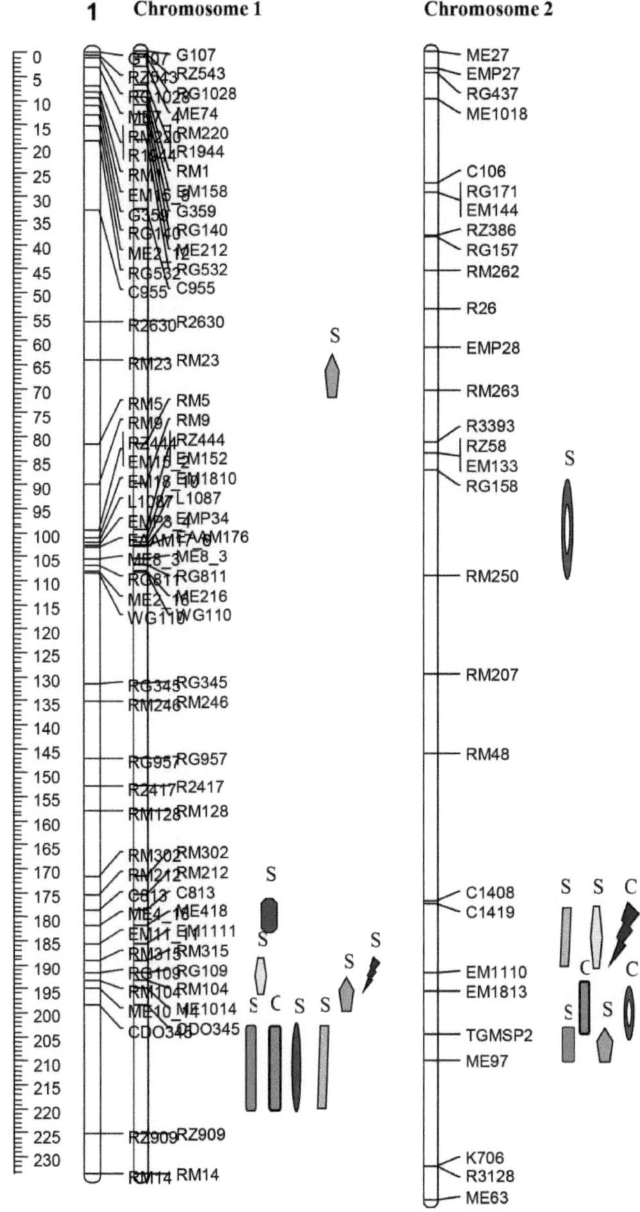

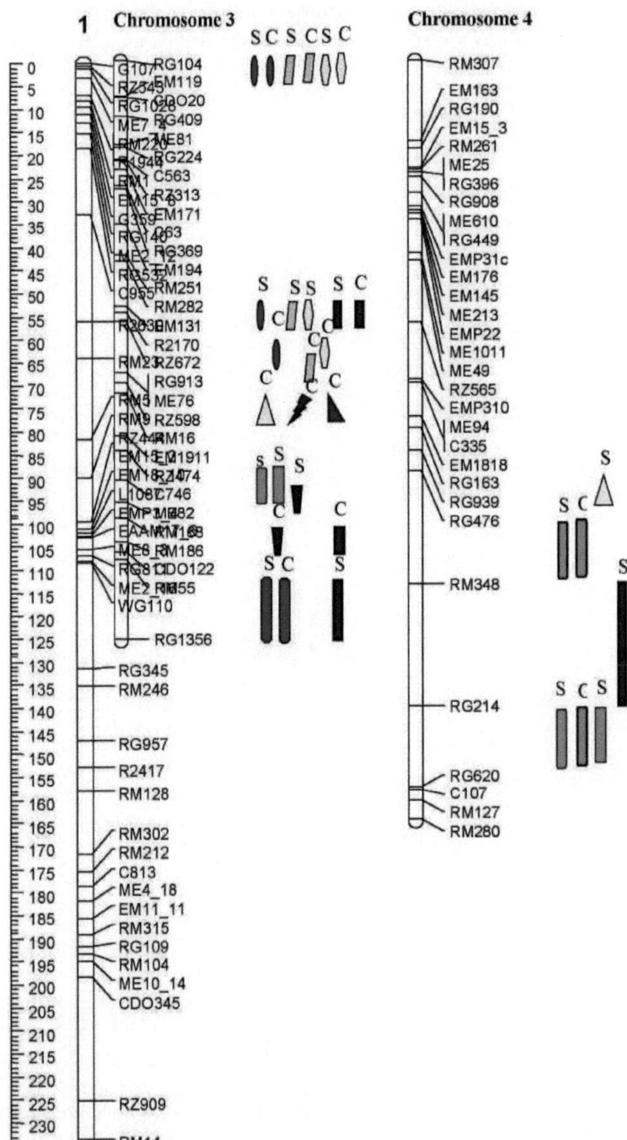

Chromosome 3
Chromosome 4
RG104
EM119
CDO20
RG409
ME81
RG224
C563
RZ313
EM171
C63
RG369
EM194
RM251
RM282
EM131
R2170
RZ672
RG913
ME76
RZ598
RM16
C746
RM186
CDO122
WG110
RG1356
RG345
RM246
RG957
R2417
RM128
RM302
RM212
C813
ME4_18
EM11_11
RM315
RG109
RM104
ME10_14
CDO345
RZ909
RM14
RM307
EM163
RG190
EM15_3
RM261
ME25
RG396
RG908
ME610
RG449
EMP31c
EM176
EM145
ME213
EMP22
ME1011
ME49
RZ565
EMP310
ME94
C335
EM1818
RG163
RG939
RG476
RM348
RG214
RG620
C107
RM127
RM280

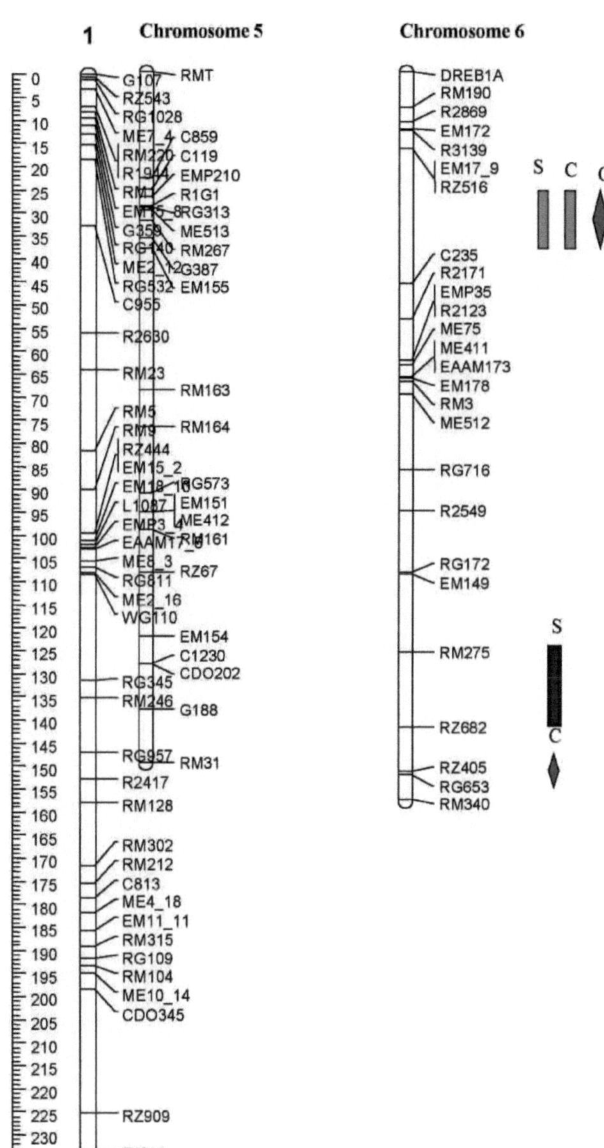
1
Chromosome 5
Chromosome 6
0
5
10
15
20
25
30
35
40
45
50
55
60
65
70
75
80
85
90
95
100
105
110
115
120
125
130
135
140
145
150
155
160
165
170
175
180
185
190
195
200
205
210
215
220
225
230
G107
RZ543
RG1028
ME7_4
RM220
R1944
G359
RG140
ME2_12
RG532
C955
R2630
RM23
RM5
RM9
RZ444
EM15_2
L1087
EMP3_4
ME8_3
RG811
ME2_16
WG110
RG345
RM246
RG957
R2417
RM128
RM302
RM212
C813
ME4_18
EM11_11
RM315
RG109
RM104
ME10_14
CDO345
RZ909
RM14
RMT
C859
C119
EMP210
R1G1
RG313
ME513
RM267
G387
EM155
RM163
RM164
RG573
EM151
ME412
RM161
RZ67
EM154
C1230
CDO202
G188
RM31
DREB1A
RM190
R2869
EM172
R3139
EM17_9
RZ516
C235
R2171
EMP35
R2123
ME75
ME411
EAAM173
EM178
RM3
ME512
RG716
R2549
RG172
EM149
RM275
RZ682
RZ405
RG653
RM340
S
C
C
S
C

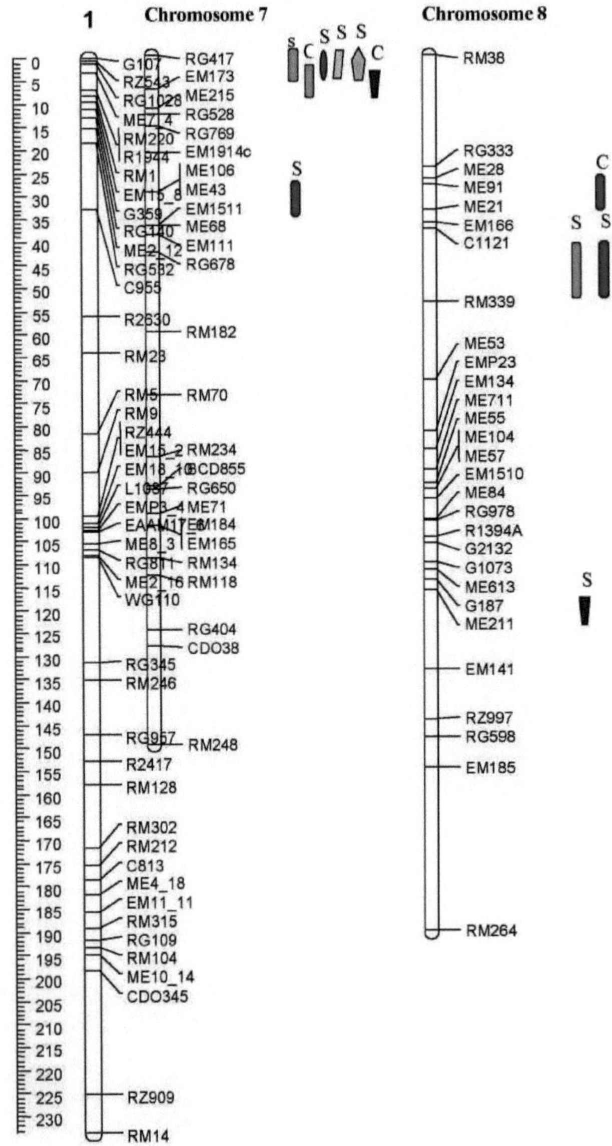

1
Chromosome 7
Chromosome 8
0
5
10
15
20
25
30
35
40
45
50
55
60
65
70
75
80
85
90
95
100
105
110
115
120
125
130
135
140
145
150
155
160
165
170
175
180
185
190
195
200
205
210
215
220
225
230
G107
RZ543
RG1028
ME7_4
RM220
R1944
RM1
EM15_8
G359
RG140
ME2_12
RG532
C955
R2630
RM23
RM5
RM9
RZ444
EM15_2
EM18_10
L1087
EMP3_4
EAAM17E6
ME8_3
RG811
ME2_16
WG110
RG345
RM246
RG957
R2417
RM128
RM302
RM212
C813
ME4_18
EM11_11
RM315
RG109
RM104
ME10_14
CDO345
RZ909
RM14
RG417
EM173
ME215
RG528
RG769
EM1914c
ME106
ME43
EM1511
ME68
EM111
RG678
RM182
RM70
RM234
BCD855
RG650
ME71
RM184
EM165
RM134
RM118
RG404
CDO38
RM248
S
C
S
S
S
C
S
RM38
RG333
ME28
ME91
ME21
EM166
C1121
RM339
ME53
EMP23
EM134
ME711
ME55
ME104
ME57
EM1510
ME84
RG978
R1394A
G2132
G1073
ME613
G187
ME211
EM141
RZ997
RG598
EM185
RM264
C
S
S
S

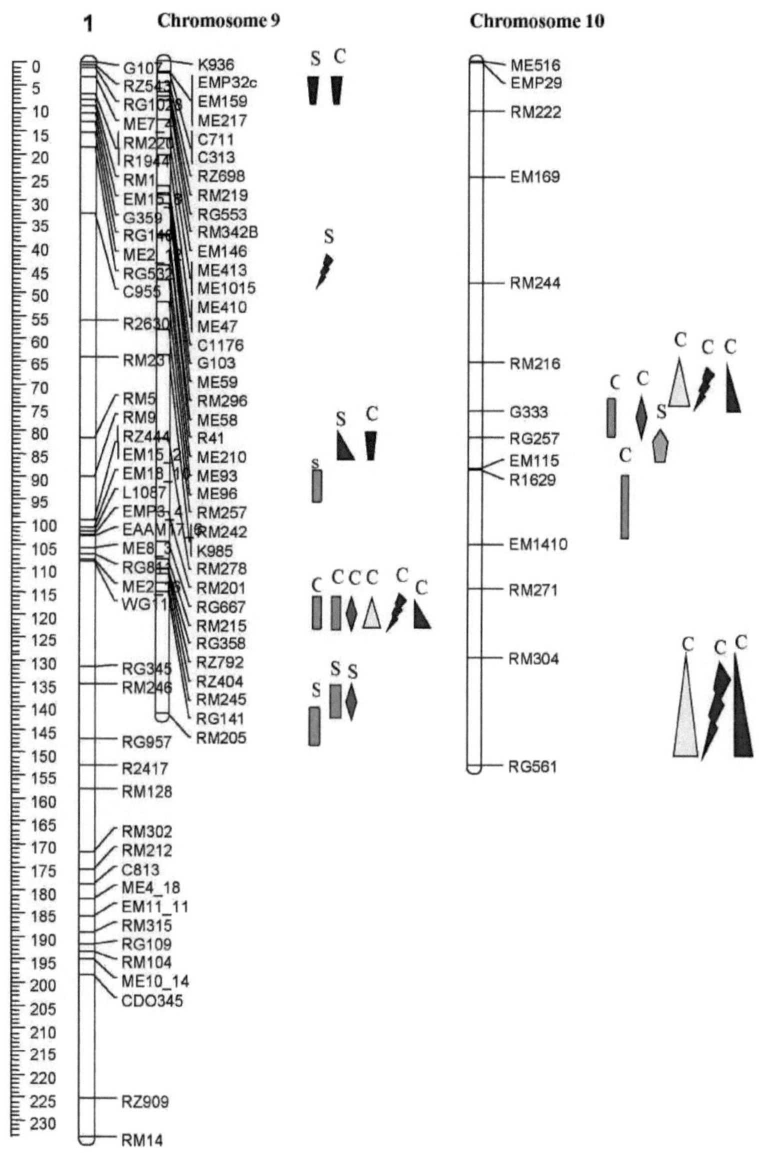

Chromosome 9
Chromosome 10

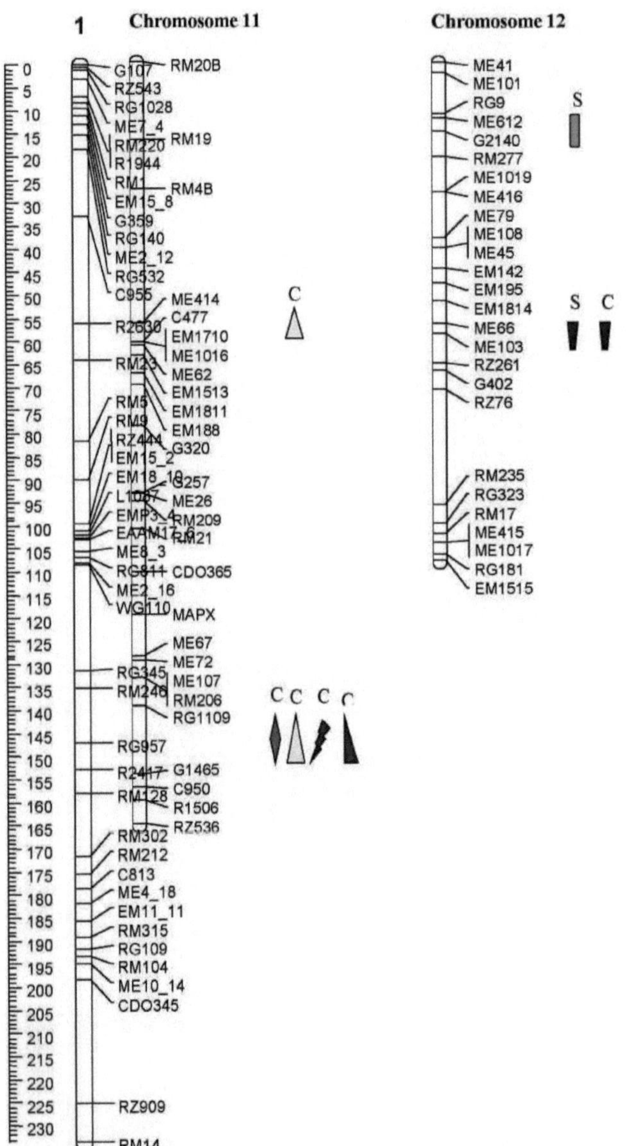

4.2.1.2 Mapeamento de intervalos compostos pelo QTL Cartographer

Um dos problemas com o mapeamento por intervalos é o facto de o modelo de mapeamento por intervalos se ajustar idealmente a um QTL numa única localização. Se um QTL adicional estiver presente na vizinhança de um QTL, causará variância de amostragem e, se estiverem ligados, causará estimativas enviesadas devido aos seus efeitos combinados. Em alternativa, o mapeamento por intervalos compostos (CIM) tem em consideração os efeitos de todos os QTLs. Neste modelo, o mapeamento por intervalos simples (SIM) é efectuado da forma habitual, exceto que a variância de outros QTL seria tida em conta através da inclusão de coeficientes de regressão parciais de marcadores nas regiões próximas do genoma. A CIM dá mais poder e precisão do que a SIM porque os efeitos de outros QTL não estão presentes como variância residual.

Os resultados do mapeamento por intervalo composto são apresentados no Quadro 4.7. No total, foram identificados 155 QTLs que controlam 14 caraterísticas, tanto em condições de controlo como de stress hídrico no campo, através do QTL- Cartographer com um limiar de LOD de 2,1. Foram detectados 13 QTLs para o peso do grão no controlo, sendo que apenas um QTL foi identificado para o peso do rebento em condições de stress e para o peso de 1000 sementes parcialmente cheias no controlo. O número de QTL, o número de cromossomas, os marcadores de intervalo, o pico de LOD, a variância fenotípica percentual explicada por um QTL nos loci de teste (R2) e o efeito aditivo dos QTL são apresentados no **Quadro 4.7.**

4.2.1.2.1 Caracteres da folha

Área da folha bandeira: Foi identificado um total de doze QTLs para a área da folha bandeira em condições de controlo e de stress de seca no campo. Verificou-se que a área da folha bandeira sob stress hídrico é controlada por seis QTLs localizados nos cromossomas 1, 3, 4 e 8. Três QTLs no cromossoma 1, perto dos marcadores WG110, RG345 e RM246, tiveram uma pontuação LOD significativa de 4,33, 5,21 e 4,93, explicando uma variância percentual de 11,79, 11,45 e 10,69, respetivamente. Os alelos favoráveis para estes três QTLs são do progenitor suscetível IR62266. Outros três QTLs nos cromossomas 3, 4 e 8, perto dos marcadores RZ474, RG476 e RM339, explicam a variância percentual de 4,9, 12,31 e 4,53. Os alelos favoráveis para estes três QTLs são do progenitor tolerante CT9993. Verificou-se que a área foliar sob controlo é controlada por seis QTLs localizados nos cromossomas 3, 4, 5 e 10, perto dos marcadores CDO20, EM1818, RG476, ME412, RG257 e R1629, respetivamente. Os alelos favoráveis para todos os QTLs, exceto no ME412, são do progenitor tolerante CT9993.

Tabela 4.7: QTLs detectados com LOD > 2.0 para a área da folha bandeira (cm2), área foliar específica (cm2/g), peso específico da folha (g/cm), dias para o enraizamento, dias para a emergência da panícula, dias para o encabeçamento, dias para a maturidade, peso do grão (g/planta), peso da palha (g/planta), peso do rebento (g/planta), índice de colheita, peso de mil sementes completamente cheias, peso de mil sementes parcialmente cheias e esterilidade de espiguetas (%) por mapeamento de intervalo composto (CIM) via QTL-Cartographer v 2.0 numa população de arroz duplo haploide de 154 linhas de CT9993 e IR62266.

Traço	Chr #	Marcador mais próximo	Pos* cM	% R2	Adicionar	LOD
Área da folha bandeira - stress	1	WG110	124.31	11.79	1.43 (I)	4.33
	1	RG345	133.41	11.45	1.44 (I)	5.21
	1	RM246	137.11	10.69	1.38 (I)	4.93
	3	RZ474	84.51	4.9	1.03 (C)	2.64
	4	RG476	88.91	12.31	1.53 (C)	6.24
	8	RM339	53.51	4.53	0.94 (C)	2.19
Controlo da superfície foliar da bandeira	3	CDO20	8.01	9.18	1.61 (C)	4.69
	4	EM1818	79.11	6.57	1.16 (C)	2.8

	4	RG476	88.91	13.53	1.74 (C)	6.62
	5	ME412	95.41	5.41	1.01 (I)	2.85
	10	RG257	81.71	9.35	1.32 (C)	4.66
	10	R1629	88.81	4.63	0.95 (C)	2.27
Área foliar específica - stress	2	EM1110	193.71	8.01	10.2 (I)	2.61
	9	RM245	113.31	7.85	8.32 (C)	3.35
Controlo específico da superfície foliar	2	ME1018	13.71	7.29	7.85 (C)	2.61
	3	C563	21.41	4.86	6.96 (I)	2.12
	10	G333	76.01	6.7	7.65 (C)	2.81
	10	R1629	88.81	8.33	8.35 (C)	3.55
	11	RM206	139.41	8.01	9.11 (C)	2.81
Peso específico das folhas - stress	9	RG667	106.21	5.96	0.49 (I)	2.16
	9	RM245	113.31	8.85	0.57 (I)	3.49
Controlo específico do peso das folhas	7	EM1914c	29.11	5.65	0.37 (C)	2.38
	9	RM201	104.01	6.3	0.41 (I)	2.63
	9	RG667	106.21	8.66	0.47 (I)	3.04
	10	RM304	147.61	9.21	0.45 (I)	2.69
Dias até ao arranque	1	RG109	191.71	5.82	2.32 (I)	2.44
	1	CDO345	202.51	12.22	3.22 (I)	3.94
	5	C119	25.51	6.09	2.29 (I)	2.64
Dias até ao arranque	7	RG417	4.01	6.49	2.45 (I)	2.34
Dias para o controlo do arranque	2	RM207	129.51	5.08	2.49 (C)	2.19
	3	EM119	7.71	8.29	3.91 (I)	3.42
	3	ME76	67.71	7.42	2.97 (I)	3.34
	3	RM16	71.91	6.69	2.85 (I)	3
Dias para a emergência da panícula - stress	1	EMP34	102.71	4.6	2.15 (C)	2.1
	1	EM1111	187.71	6.3	2.52 (I)	2.22
	1	RM104	193.31	9.24	3.12 (I)	3.91
	1	CDO345	202.51	15.66	3.81 (I)	5.14
	3	R2170	54.41	8.98	3 (I)	3.94
	3	RZ672	62.31	6.23	2.42 (I)	2.41
Dias para a emergência da panícula - controlo	2	RM207	129.51	4.84	2.37 (C)	2.15
	3	RG104	6.01	8.36	3.71 (I)	2.98
	3	RZ313	21.71	5.05	2.86 (C)	2.24
	3	ME76	67.71	10.46	3.47 (I)	4.77
	3	RM16	71.91	9.97	3.41 (I)	4.53
Dias de stress na cabeça	1	EM1111	187.71	9.18	2.86 (I)	3.45
	1	RG109	191.71	11.44	3.24 (I)	5.03
	1	CDO345	202.51	13.8	3.49 (I)	4.62
	3	RG104	6.01	6.72	2.89 (I)	2.47
	3	ME76	67.71	4.64	1.99 (I)	2.15
	3	RM16	71.91	4.74	2.04 (I)	2.2
Dias até ao controlo do rumo	1	CDO345	202.51	6.61	2.66 (I)	2.3
	3	EM119	7.71	5.04	2.89 (I)	2.12
	3	C563	21.41	4.62	2.72 (C)	2.1
	3	ME76	67.71	9	3.13 (I)	4.03
	3	RM16	71.91	7.98	2.96 (I)	3.55
Dias até à maturidade - stress	2	TGMSP2	204.61	14.09	2.42 (C)	6.06
	4	RG190	18.91	5.38	0.9 (I)	2.45
Dias até à maturidade - controlo	10	RM216	65.41	7.92	1.25 (I)	2.92
	11	ME1016	60.71	5.24	1.35 (C)	2.11
	12	ME103	62.61	11.7	1.74 (C)	3.49
	12	RZ76	70.61	9.87	1.56 (C)	3.55
Peso do grão - tensão	4	C335	73.81	8.16	0.75 (C)	2.49
	4	RG163	79.71	8.63	0.77 (C)	3.33
Controlo do peso dos cereais	3	EM119	7.71	12.09	0.09 (I)	5.37
	3	ME81	18.21	4.61	0.05 (C)	2.36
	3	C563	21.41	4.1	0.05 (C)	2.1
	4	RG214	156.01	6.86	0.05 (I)	2.97

	6	ME75	65.51	5.05	0.04 (I)	2.24
	6	EM178	66.21	5.69	0.05 (I)	2.58
	6	RG716	69.81	8.52	0.06 (I)	3.95
	8	RG598	148.01	4.24	0.04 (C)	2.16
	8	EM185	176.81	7.87	0.05 (C)	2.1
	9	RG667	106.21	5.91	0.05 (I)	2.46
	11	ME414	60.41	7.75	0.07 (C)	3.47
	11	ME62	61.31	5.01	0.05 (C)	2.31
	11	EM188	73.91	7.75	0.07 (C)	2.62
Peso da palha - stress	1	ME418	183.91	8.29	1.76 (C)	2.93
	1	RG109	191.71	12.67	2.18 (C)	5.21
	1	CDO345	198.51	7.32	1.61 (C)	2.89
	4	RG190	18.91	5.38	1.46 (I)	2.3
	9	ME59	29.01	5.88	1.49 (C)	2.53
Controlo do peso da palha	3	EM119	7.71	11.7	0.09 (I)	5.2
	3	ME81	18.21	4.77	0.05 (C)	2.43
	4	RG214	156.01	6.88	0.05 (I)	2.96
	6	ME75	65.51	5.47	0.05 (I)	2.41
	6	EM178	66.21	6.08	0.05 (I)	2.74
	6	ME512	69.81	8.85	0.06 (I)	4.08
	9	RG667	106.21	5.96	0.05 (I)	2.45
	11	ME414	60.41	7.44	0.07 (C)	3.32
	11	ME62	61.31	4.95	0.06 (C)	2.28
	11	EM188	71.91	7.2	0.07 (C)	2.57
Peso do rebento - stress	9	R41	43.81	7.49	2.37 (C)	2.92
Controlo de peso	3	EM119	7.71	12.11	0.18 (I)	5.36
	3	ME81	18.21	4.73	0.1 (C)	2.42
	3	C563	21.41	4.19	0.09 (C)	2.14
	4	RG214	154.01	7.57	0.11 (I)	2.97
	6	ME75	65.51	5.28	0.09 (I)	2.33
	6	EM178	66.21	5.92	0.1 (I)	2.68
	6	ME512	69.81	8.72	0.12 (I)	4.03
	8	RG598	148.01	4.29	0.08 (C)	2.18
	9	RG667	106.21	6.04	0.1 (I)	2.51
	11	ME414	60.41	7.44	0.13 (C)	3.32
Controlo de peso	11	ME62	61.31	4.83	0.1 (C)	2.23
	11	EM188	73.91	7.58	0.14 (C)	2.57
Índice de colheita - stress	1	RM302	171.51	6.16	1.79 (I)	2.65
	1	ME418	181.91	14.74	2.71 (I)	6.67
	1	RG109	191.71	9.74	2.23 (I)	4.31
	4	EM153	23.11	5.44	1.79 (C)	2.44
	4	RG908	27.11	6.06	2.07 (C)	2.48
	4	RG449	30.81	6.47	2.23 (C)	2.6
	4	EM145	33.01	11.07	3.12 (C)	5.16
	4	EMP22	36.31	7.88	2.44 (C)	3.04
	6	RM190	7.41	6.81	1.81 (C)	3.24
	6	R3139	14.61	6.93	1.92 (C)	2.98
	6	RZ516	24.41	9.36	2.23 (C)	2.9
	7	RG650	94.21	4.67	1.68 (I)	2.28
Controlo do índice de colheita	3	RM55	124.11	6.31	1.62 (I)	2.5
	5	EM154	128.11	4.67	1.39 (I)	2.1
	8	ME91	28.01	11.89	2.15 (I)	5.08
	8	ME21	35.31	6.06	1.52 (I)	2.21
	8	C1121	37.41	8.63	1.85 (I)	3.62
Completamente preenchido mil sementes pesoestresse	3	EM1911	81.41	8.07	0.72 (C)	3.57
	3	RZ474	88.51	11.16	0.8 (C)	4.11
	3	C746	92.91	9.43	0.72 (C)	3.54
	4	RM348	121.61	6.24	0.56 (I)	2.1
	8	G187	113.91	6.01	0.54 (I)	2.65
	12	EM1814	55.61	7.41	0.73 (C)	2.92
	12	ME103	62.61	5.84	0.64 (C)	2.31

Controlo de peso de mil sementes completamente cheio	3	ME82	97.71	5.54	0.73 (C)	2.19
	7	RG417	6.01	5.29	0.69 (C)	2.1
	9	K936	2.01	7.45	0.9 (C)	3.08
	9	C313	2.41	6.98	0.88 (C)	2.89
	9	RM219	6.51	7.79	0.92 (C)	3.14
Peso de mil sementes parcialmente cheias	1	EM1111	187.71	9.83	0.8 (C)	3.24
	1	RG109	191.71	9.98	0.87 (C)	4.07
	1	CDO345	198.51	7.23	0.71 (C)	2.78
	8	G187	113.91	8.07	0.76 (I)	3.47
	9	RM257	58.31	7.29	0.66 (C)	3.17
Controlo do peso de mil sementes parcialmente cheias	9	ME96	58.11	6.75	0.63 (C)	2.66
Esterilidade da espigueta - stress	1	C813	180.71	6.51	4.06 (C)	2.73
	1	ME418	183.91	6.82	4.06 (C)	2.95
	1	EM1111	187.71	6.84	4.09 (C)	2.88
	1	RG109	191.71	8.61	4.69 (C)	4.18
	1	CDO345	198.51	8.51	4.57 (C)	4.05
	3	EM119	7.71	6.01	4.54 (C)	2.97
	4	RG476	106.91	21.39	7.01 (C)	7.58
	4	RM348	119.61	20.26	6.78 (C)	7.47
	10	EM1410	104.81	10.09	5.39 (I)	4.83
	10	RM271	120.51	8.05	4.36 (I)	2.75
Controlo da esterilidade das espiguetas	3	RM282	43.41	5.91	3.44 (C)	2.61
	11	RM209	101.11	4.72	3.39 (I)	2.1
	12	G2140	15.01	6.83	4.32 (I)	2.77
	12	ME1019	27.91	10.23	5.12 (I)	4.41
	12	ME103	60.61	9.15	5.48 (C)	2.89
	12	RZ76	70.61	13.14	6.55 (C)	5.5

Chr # - Número do cromossomaPos *** - Posição do QTL identificado**

% R2 - percentagem de variância explicadaAdd **# - Aditivo**

Área foliar específica: Foi identificado um total de sete QTLs para a área foliar específica em condições de controlo e de stress de seca no campo. Verificou-se que a área foliar específica sob stress hídrico é controlada por dois QTLs localizados nos cromossomas 2 e 9, perto dos marcadores EM1110 (os alelos favoráveis provêm do IR62266 com um efeito aditivo de 10,2) e RM245 (os alelos favoráveis provêm do CT9993 com um efeito aditivo de 8,32). Foram encontrados cinco QTLs para controlar a área foliar específica no controlo, perto dos marcadores ME1018, C563, G333, R1629 e RM206, explicando a variância percentual de 7,29, 4,86, 6,7, 8,33 e 8,01. Todos os alelos favoráveis são de CT9993, exceto os que se encontram perto do marcador C563, para os quais os alelos favoráveis são de IR62266.

Peso específico das folhas: Foi identificado um total de seis QTLs para a caraterística peso específico das folhas em condições de controlo e de stress hídrico no campo. Foram identificados dois QTLs para o peso específico das folhas sob stress hídrico localizados no cromossoma 9 perto dos marcadores RG667 e RM245. Os alelos favoráveis são do progenitor suscetível IR62266. Foram encontrados quatro QTLs que controlam o peso específico das folhas sob controlo, nos cromossomas 7, 9 e 10, perto dos marcadores EM1914c, RM201, RG667 e RM304. Todos os alelos favoráveis são do progenitor suscetível IR62266, exceto os que se encontram perto de EM1914c, que são do progenitor tolerante CT9993 em condições de controlo.

4.2.1.2.2 Caracteres fenológicos

Dias para arranque: Foi identificado um total de oito QTLs para o número de dias para o arranque em condições de controlo e de stress hídrico no campo. Verificou-se que o número de dias de arranque sob stress hídrico é controlado por quatro QTLs localizados nos cromossomas 1, 5 e 7. Dois QTLs no cromossoma 1 foram identificados perto dos marcadores RG109 e CDO345, explicando uma variância percentual de 5,82 e 12,22. Os restantes QTLs detectados foram detectados perto dos marcadores C119 no cromossoma 5, explicando a variância percentual de 6,09 (LOD 2,64) e RG417 no cromossoma 7, explicando a variância percentual de 6,49 (LOD 2,34). Todos os alelos favoráveis que contribuem para a caraterística de stress hídrico provêm do progenitor suscetível IR62266. Foram identificados quatro QTLs que controlam os dias para o arranque em condições de controlo nos cromossomas 2 e 3. Um QTL foi identificado no cromossoma 2 perto do marcador RM207. Três QTLs no cromossoma 3 foram identificados perto dos marcadores EM119, ME76 e RM16. Todos os alelos favoráveis que contribuem para a caraterística são do IR62266, exceto um QTL próximo do marcador RM207.

Dias para a emergência da panícula: Um total de onze QTLs foram identificados para o número de dias para a emergência da panícula em condições de controlo e de stress de seca no campo. Foram detectados seis QTLs que controlam a caraterística sob stress. Destes, quatro no cromossoma 1 perto dos marcadores EMP34, EM1111, RM104 e CDO345, dois no cromossoma 3 perto dos marcadores R2170 e RZ672. Todos os alelos favoráveis que contribuem para a caraterística, exceto perto do EMP34, provêm do progenitor suscetível IR62266. Foram detectados cinco QTLs que controlam a caraterística no controlo, um no cromossoma 2 perto do marcador RM207 e quatro no cromossoma 3 perto dos marcadores RG104, RZ313, ME76 e RM16. Todos os alelos favoráveis que contribuem para a caraterística no controlo, exceto no RM207, são do progenitor suscetível IR62266.

Dias para a colheita: Foi identificado um total de onze QTLs para o traço, número de dias para a cabeça, em condições de controlo e de stress de seca no campo. Foram detectados seis QTLs que controlam a caraterística sob stress, três no cromossoma 1 perto dos marcadores EM1111, RG109 e CDO345 e três no cromossoma 3 perto dos marcadores RG104, ME76 e RM16, respetivamente. Todos os alelos favoráveis que contribuem para a caraterística são do progenitor suscetível IR62266. Foram detectados cinco QTL que controlam a caraterística em condições de controlo, um QTL no cromossoma 1 perto do marcador CDO345 e quatro no cromossoma 3 perto dos marcadores EM1119, C563, ME76 e RM16. Todos os alelos favoráveis provêm do progenitor suscetível IR62266, exceto no marcador C563, em que os alelos favoráveis provêm do CT9993.

Dias até a maturidade: Foi identificado um total de seis QTLs para a caraterística número de dias até à maturidade em condições de controlo e de stress de seca no campo. Foram detectados dois QTLs que controlam a caraterística sob stress, um QTL no cromossoma 2 e outro no cromossoma 4, perto dos marcadores TGMSP2, explicando a maior variância percentual de 14,09, os alelos favoráveis são do progenitor tolerante CT9993 e os alelos favoráveis RG190 são do progenitor suscetível IR62266, respetivamente. Foram detectados quatro QTLs que controlam a caraterística em condições de controlo, cada um no cromossoma 10 perto do marcador RM216, no cromossoma 11 perto do marcador ME1016 e dois QTLs no cromossoma 12 perto dos marcadores ME103 e RZ76, respetivamente. Todos os alelos favoráveis são do progenitor tolerante CT9993, exceto no marcador RM216; os alelos favoráveis são do progenitor suscetível IR62266.

4.2.1.2.3 Traços de biomassa e rendimento

Peso da palha: Foi identificado um total de quinze QTLs para a caraterística peso da palha em condições de controlo e de stress hídrico no campo. Foram detectados cinco QTLs que controlam a caraterística em condições de stress hídrico, três QTLs no cromossoma 1 perto dos marcadores ME418, RG109, CDO345, um QTL cada no cromossoma 4 perto do marcador RG190 e no cromossoma 9 perto do marcador ME59, respetivamente. Todos os alelos favoráveis são do progenitor tolerante CT9993, exceto no marcador RG190; os alelos favoráveis são do progenitor suscetível IR62266. Foram detectados dez QTLs que controlam a caraterística peso da palha em condições de controlo. Foram detectados dois QTL no cromossoma 3, perto dos marcadores EM119 e ME81, três QTL nos cromossomas 6 e 11, perto dos marcadores ME75, EM178, ME512 no cromossoma 6 e ME414, ME62, EM1818 no cromossoma 11 e um QTL no cromossoma 4, perto do marcador RG214 e no cromossoma 9, perto do RG667, respetivamente. Todos os alelos favoráveis para os QTLs identificados nos cromossomas 3 e 11 são do progenitor tolerante CT9993, enquanto os dos cromossomas 4, 6 e 9 são do progenitor suscetível IR62266.

Peso do rebento: Foi identificado um total de treze QTLs para o peso dos rebentos em condições de controlo e de stress de seca no campo. Apenas um QTL foi encontrado para controlar a caraterística sob condições de stress de seca, perto do marcador R41 no cromossoma 9, explicando a variância percentual de 7,94 com um efeito aditivo de 2,37. Os alelos favoráveis próximos à região são do parental tolerante CT9993. Foi detectado um total de doze QTLs para a caraterística em condições de controlo. Foram detectados três QTLs em cada cromossoma 3, 6 e 11. Os QTLs no cromossoma 3 estão próximos dos marcadores EM119 (que explica a variância percentual de 12,11), ME81 (que explica a variância percentual de 4,73) e C563, que explica a variância percentual de 4,19. O cromossoma 6 apresentou 3 QTLs perto dos marcadores ME75, EM178 e ME512. O cromossoma 11 apresenta 3 QTLs perto dos marcadores ME414, ME62 e EM188. Foi identificado um QTL no cromossoma 4, perto do marcador RG214, no cromossoma 8, perto do RG598, e no cromossoma 9, perto do RG667. Todos os alelos favoráveis para os QTLs no cromossoma 3 (exceto perto do EM119), 8 e 11 são do progenitor tolerante CT9993, enquanto os outros QTLs são do progenitor suscetível IR62266.

Peso dos grãos: Foi identificado um total de quinze QTLs para o peso dos grãos em condições de controlo e de stress hídrico no campo. Foram encontrados dois QTLs no cromossoma 4 que controlam a caraterística sob stress de seca, um perto de C335, explicando a variância percentual de 8,16 e outro perto de RG163, explicando a variância percentual de 8,63. Ambos os QTLs tinham alelos favoráveis do progenitor tolerante CT9993. Foram detectados 13 QTLs que controlam a caraterística em condições de controlo. Foram detectados três QTLs cada um no cromossoma 3, perto dos marcadores EM119, ME81 e C563. O cromossoma 6 mostrou três QTLs perto dos marcadores ME75, EM178 e ME512. O cromossoma 11 mostrou três QTLs perto dos marcadores ME414, ME62 e EM188. Foram detectados dois QTL no cromossoma 8, perto dos marcadores RG598 e EM185, e um QTL no cromossoma 4, perto do marcador RG214, e no cromossoma 9, perto do marcador RG667. Todos os alelos favoráveis para os QTLs no cromossoma 3 (exceto perto do EM119), 8 e 11 são do progenitor tolerante CT9993, enquanto os outros QTLs são do progenitor suscetível IR62266.

Índice de colheita: Um total de dezassete QTLs foram identificados para o índice de colheita em condições de controlo e de stress de seca no campo. Foram detectados doze QTLs que controlam a caraterística índice de colheita em condições de stress hídrico. Foram detectados três QTLs no cromossoma 1, perto dos marcadores RM302, ME418 e RG109, e três QTLs no cromossoma 6, perto dos marcadores RM190, R3139 e RG650. Foram detectados cinco QTLs no cromossoma 4 perto dos marcadores EM153, RG908, RG449, EM145 e EMP22. Foi detectado um único QTL no cromossoma 7 perto do marcador RG650. Todos os alelos favoráveis para os QTLs que controlam a caraterística índice de colheita sob stress hídrico nos cromossomas 4 e 6 são do progenitor tolerante CT9993, enquanto que os outros QTLs são do progenitor suscetível IR62266. Foram detectados cinco QTLs que controlam o índice de colheita em condições de controlo. Três QTLs foram detectados no cromossoma 8, perto dos marcadores ME91, ME21 e C1121. Um único QTL foi detectado no cromossoma 3, próximo do marcador RM55, e no cromossoma 5, próximo do marcador EM154. Todos os alelos favoráveis que controlam a caraterística índice de colheita em condições de controlo são do progenitor suscetível IR62266.

Peso de 1000 sementes completamente cheias: Um total de doze QTLs foram identificados para o peso de 1000 sementes completamente cheias em condições de controlo e de stress de seca. Foram detectados sete QTLs que controlam o peso de 1000 sementes completamente cheias em condições de stress de seca. Três QTLs foram detectados no cromossoma 3, perto dos marcadores EM1911, RZ464 e C746. Dois QTLs foram detectados no cromossoma 12, perto dos marcadores EM1814 e ME103. O cromossoma 4 tem um único QTL perto do marcador RM348, enquanto no cromossoma 8 perto do marcador G187 para a caraterística sob stress hídrico. Todos os alelos favoráveis próximos dos QTLs nos cromossomas 3 e 12 são do progenitor tolerante CT9993, enquanto que os restantes QTLs são do progenitor suscetível IR62266. Foram detectados cinco QTLs que controlam a caraterística peso de 1000 sementes completamente cheias em condições de controlo. Três QTLs foram detectados no cromossoma 9 perto dos marcadores K936, C313 e RM219. Foi identificado um único QTL no cromossoma 3, próximo do marcador ME82, e no cromossoma 7, próximo do marcador RG417, que controla o peso de 1000 sementes completamente cheias em condições de controlo. Todos os alelos favoráveis que contribuem para a caraterística perto dos QTLs são do progenitor tolerante CT9993

Peso de 1000 sementes parcialmente cheias: Foi identificado um total de seis QTLs para o peso de 1000 sementes parcialmente cheias em condições de controlo e de stress de seca no campo. Foram detectados cinco QTLs que controlam o peso de 1000 sementes parcialmente cheias sob stress de seca. Três QTLs foram detectados no cromossoma 1 perto dos marcadores EM1111, RG109 e CDO345. Foi detectado um único QTL no cromossoma 8 e 9, perto dos marcadores G187 e RM257, respetivamente. Todos os alelos favoráveis para os QTLs são do progenitor tolerante CT9993, exceto perto de G187, para o qual os alelos favoráveis são do progenitor suscetível IR62266. Apenas foi detectado um QTL que controla a caraterística em condições de controlo, perto do marcador ME96 no cromossoma 9. Todos os alelos favoráveis são do progenitor tolerante CT9993.

Esterilidade de espiguetas: Um total de dezasseis QTLs foram identificados para a esterilidade das espiguetas em condições de controlo e de stress de seca. Foram detectados dez QTLs que controlam a caraterística de esterilidade das espiguetas em condições de stress hídrico. Cinco QTLs foram detectados no cromossoma 1 perto dos marcadores C813, ME418, EM1111, RG109 e CDO345. Dois QTLs foram detectados no cromossoma 4, perto dos marcadores RG476 e RM348; e no cromossoma 10, perto dos marcadores EM1410 e RM271. Foi detectado um único QTL no cromossoma 3, próximo do marcador EM119, que controla a caraterística esterilidade das espiguetas sob stress hídrico. Todos os alelos favoráveis perto dos QTLs são do progenitor tolerante CT9993, exceto perto dos QTLs no cromossoma 10. Foram detectados seis QTLs que controlam a caraterística esterilidade de espiguetas em condições de controlo. Quatro QTLs foram detectados no cromossoma 12 perto dos marcadores G2140, ME1019, ME103 e RZ76. Enquanto que um QTL no cromossoma 3, perto do marcador RM282 e no cromossoma 11, perto do marcador RM209, foram detectados a controlar a esterilidade das espiguetas sob controlo. Todos os alelos favoráveis para os QTLs perto dos marcadores RM282, ME103 e RZ76 são de CT9993, enquanto os alelos perto de outros marcadores, RM209, G2140 e ME1019 são do progenitor suscetível IR62266.

4.2.1.3 QTLs Pleiotrópicos

Os resultados do presente estudo indicaram, assim, que muitos QTLs estavam associados a mais do que uma caraterística em condições de stress de seca no campo e em condições de controlo. Por exemplo, o QTL flanqueado por RG104- EM119 no cromossoma 3 tem até seis QTLs para caraterísticas fenológicas, incluindo o número de dias para o arranque, a emergência da panícula e a cabeça, tanto em condições de controlo como de stress hídrico no campo (**Quadro 4.8**). Do mesmo modo, o locus entre RG109-RM104 no cromossoma 1 tem três QTLs que controlam os dias para o descabeçamento, os dias para a maturidade e o peso da palha em condições de stress hídrico no campo, seguido do locus entre CDO345-RZ909 no cromossoma 1 com quatro QTLs para a área da folha bandeira, dias para o arranque e dias para a emergência da panícula em condições de stress hídrico no campo, e área da folha bandeira em condições de controlo. Verificou-se que duas regiões do cromossoma 2, C1419-EM1110 e EM1813-TGMSP2-ME97, afectavam os dias para o arranque, os dias para o encabeçamento, os dias para a emergência da panícula, o peso do rebento em condições de stress, o peso da palha em condições de controlo e a área da folha bandeira, os dias para a maturidade (explicando uma grande proporção da variação fenotípica em condições de stress), a área da folha bandeira e o peso de mil sementes parcialmente cheias (em condições de controlo). A região RM282-EM131 no cromossoma 3 tem cinco QTL (dias para o arranque, dias para a emergência da panícula, dias para o encabeçamento sob stress e esterilidade das espiguetas sob condições de controlo e stress), e a região RM55-RG1356 tem QTL para o índice de colheita e esterilidade das espiguetas. É interessante notar que a região RG476-RM348-RG214 no cromossoma 4 tem QTLs para duas caraterísticas, a área da folha bandeira e a esterilidade das espiguetas, sob stress de seca. Outros dois QTLs na região RG667-RM215 mapeada no cromossoma 9 e RG1109-G1465 mapeada no cromossoma 11 foram associados à área foliar específica, peso foliar específico, peso do rebento, peso da palha e peso do grão em condições de controlo. O locus entre RG417-EM173 no cromossoma 7 tem seis QTLs, quatro em condições de stress (área da folha bandeira, dias para arranque, dias para emergência da panícula e dias para maturidade) e dois em condições de controlo (área da folha bandeira e peso de mil sementes completamente cheias).

4.2.1.4 Comparação de QTLs entre ambientes

A compreensão da base genética molecular da resistência à seca nas culturas é uma tarefa fundamental, que permitirá aos criadores desenvolver novas cultivares com resistência à seca. A tolerância à seca é uma caraterística quantitativa complexa e o rendimento sob seca é muito mais complexo, controlado por um grande número de genes com uma componente significativamente grande de efeitos ambientais. No entanto, a associação entre a variância de uma caraterística quantitativa herdada e o rendimento sob stress de seca no campo não foi estabelecida. Comparando a coincidência de QTLs para caraterísticas secundárias específicas de tolerância à seca e QTLs para caraterísticas relacionadas com o rendimento sob stress, é possível testar com precisão se uma determinada caraterística é significativa para melhorar a tolerância à seca (Lebreton *et al.*, 1995). Por exemplo, experiências fisiológicas anteriores nesta população de mapeamento, bem como noutras, mostraram que a capacidade do sistema radicular profundo que fornece água para satisfazer a procura evapotranspirativa das camadas mais profundas do solo é uma caraterística importante de resistência à seca no arroz (Nguyen *et al.*, 1997; Babu *et al.*, 2003). Anteriormente, QTLs para caraterísticas morfo-fenológicas e relacionadas com a produção, como índice de raízes penetradas, espessura da raiz basal, raízes por perfilho, volume da raiz, ajustamento osmótico, conteúdo relativo de água, temperatura da copa, enrolamento da folha, secagem da folha, dias para a colheita, altura da planta, produção de grãos, grãos por panícula e índice de colheita sob stress de seca foram mapeados nesta população de mapeamento de linhas DH (Zhang et al., 2001; Kamoshita et al., 2002; Babu et al., 2003; Lanceras et al., 2004). Ao comparar as localizações dos QTLs ligados a caraterísticas radiculares, ajustamento osmótico e caraterísticas de rendimento sob stress hídrico de estudos anteriores (Zhang et al., 2001; Kamoshita et al., 2002; Babu et al., 2003; Lanceras et al, 2004), os nossos resultados levaram à identificação das regiões genéticas RG109-RM104-ME1014, CDO345- RZ909 no cromossoma 1, C1419-EM1110, EM1813-TGMSP2-ME97 no cromossoma 2, RG104- EM119, no cromossoma 3, RG939-RG476-RM348-RG214 no cromossoma 4, RG417-EM173- ME215 no cromossoma 7 e RG667-RM215 no cromossoma 9, que são significativos em termos de resistência à seca no arroz. Os QTLs identificados na população de mapeamento em todos os ambientes foram resumidos na **Tabela 4.8**. A análise comparativa dos QTLs é apresentada na secção de discussão.

Quadro 4.8: QTLs com efeitos pleiotrópicos e comparação entre ambientes

S.N.	Chr #	Intervalo do marcador	QTLs mapeados para os traços	
			Estudo atual	**Estudos anteriores**
1	1	RM23-RM5	Dias até ao vencimento - Stress	
2	1	ME418-EM1111	Índice de colheita - Stress	
3	1	RG109-RM104-ME1014	Peso da palha, dias até ao descabeçamento, dias até à maturação - Stress	- Peso seco total da raiz (Zhang *et al.*, 2001 & Nguyen *et al.*, 2004) - Comprimento da raiz de stress (Nguyen *et al.*, 2002) - Altura da planta, comprimento total da planta (Kanbar *et al.*, 2002) - Secagem das folhas, altura da planta (stress), dias para o abrolhamento, altura da planta, grãos por

				panícula (controlo) (Babu *et al.*, 2003) - Número de panículas, altura da planta (stress) (Lancers *et al.*, 2004)
4	1	CDO345-RZ909	Área da folha bandeira - Stress e Controlo, Dias para o arranque e Dias para a emergência da panícula - Stress	- Estabilidade da membrana celular (Tripathy *et al.*, 2000) - Rácio de comprimento da raiz sob tensão (Nguyen *et al.*, 2002) - Espessura da raiz 0-10 cm de profundidade (Kamoshitha *et al.*, 2002) - Razão do comprimento da raiz e do rebento (Kanbar *et al.*, 2002) - Índice de colheita (stress), número de panículas (controlo e stress), altura da planta (Lancers *et al.*, 2004)
5	2	RG158-RM250	Peso de mil sementes parcialmente cheias	- Força de tração da raiz (Zhang *et al.*, 2001) - Espessura da raiz 20-25 cm de profundidade (Kamoshitha *et al.*, 2002)
6	2	C1419-EM1110	Peso da palha - Controlo, Dias para o arranque, Dias para o encabeçamento, Dias para o aparecimento da panícula, Peso do rebento - Stress	- Rácio do comprimento da raiz sob stress (Nguyen *et al.*, 2002) - Rendimento relativo sob stress (Babu *et al.*, 2003)
7	2	EM1813-TGMSP2	Área da folha bandeira, peso de 1000 sementes parcialmente cheias - Controlo	- Profundidade de enraizamento, espessura da raiz 0-10 cm de profundidade (Kamoshitha *et al.*, 2002)
8	2	TGMSP2-ME97	Área da folha bandeira, Dias até à maturidade - Stress	Espessura da raiz basal (Zhang *et al.*, 2001; Nguyen *et al.*, 2004) Comprimento da raiz (Controlo) (Nguyen *et al.*, 2002) Biomassa de rebentos, espessura da raiz (Kamoshitha *et al.*, 2002) Temperatura da copa das árvores (Babu *et al.*, 2003)
9	3	RG104-EM119	Dias para o aparecimento da panícula, Dias para o arranque, Dias para o descabeçamento - Controlo e stress	Força de tração da raiz (Zhang *et al.*, 2001; Nguyen *et al.*, 2004) Dias até à colheita - Controlo, Grãos por panícula (Babu *et al.*, 2003) Índice de colheita - stress, dias para florescer após gradiente de irrigação (Lancers *et al.*, 2004)
10	3	RM282-EM131	Dias para o arranque, Dias para o aparecimento da panícula, Dias para o encabeçamento - Stress, Esterilidade das espiguetas - Controlo e Stress	Índice de arrancamento da raiz, força de arrancamento da raiz (Zhang *et al.*, 2001; Nguyen *et al.*, 2004)
11	3	R2170-R2672	Dias até ao arranque, Dias até ao cabeçalho - Stress	Força de tração da raiz (Zhang et al., 2001; Nguyen *et al.*, 2004)

				Dias até à colheita - Controlo e stress (Babu *et al.*, 2003)
12	3	RZ672-RG913	Dias para a emergência da panícula - Controlo	
13	3	ME76-R2598	Peso do grão, Peso da palha, Peso do rebento (Controlo)	
14	3	RZ474-C746-ME82	Área da folha bandeira, Área foliar específica, Peso de 1000 sementes completamente cheias (Stress)	Espessura da raiz basal (Zhang *et al.*, 2001; Nguyen *et al.*, 2004) Massa radicular profunda (Kamoshitha *et al.*, 2002) Número total de espiguetas (Lancers *et al.*, 2004)
15	3	ME82-RM168-RM186	Peso de 1000 sementes completamente cheias, esterilidade das espiguetas - Controlo	Rácio de comprimento da raiz sob tensão (Nguyen *et al.*, 2002)
16	3	RM55-RG1356	Índice de colheita - Controlo e stress, esterilidade das espiguetas - Controlo	
17	4	RG163-RG939	Peso do grão Stress	Índice de arrancamento de raízes (Zhang *et al.*, 2001; Nguyen *et al.*, 2004) Rendimento de grãos Stress (Babu *et al.*, 2003) Número total de espiguetas, número de panículas por colina (Lancers *et al.*, 2004)
18	4	RG476-RM348-RG214	Área da folha bandeira - Stress e controlo, Esterilidade da espigueta - Stress	Índice de penetração da raiz, espessura da raiz basal, espessura da raiz penetrada, força de tração da raiz, peso seco da raiz penetrada (Zhang *et al.*, 2001; Nguyen *et al.*, 2004) Raiz profunda por perfilho, espessura da raiz 0-10 cm e 20-25 cm de profundidade (Kamoshita *et al.*, 2002)
				Altura da planta - controlo e stress, rendimento de grãos - stress (Babu *et al.*, 2003) Número de panículas, Percentagem de esterilidade das espiguetas (Lancers *et al.*, 2004)
19	4	RG214-RG620	Área da folha bandeira - Controlo e stress	Força de tração da raiz (Zhang *et al.*, 2001; Nguyen *et al.*, 2004) Grãos por panícula - Stress (Babu *et al.*, 2003) Número total de espiguetas, número de panículas (Lancers *et al.*, 2004)
20	6	RZ516-C235	Área foliar específica - Controlo e Stress, Peso foliar específico - Controlo	
21	6	RM275-RZ682	Esterilidade das espiguetas - Stress	Biomassa de rebentos (Kamoshita *et al.*, 2002) Secagem das folhas (Babu *et al.*, 2003) Rendimento de grãos - Stress (Lancers *et al.*, 2004)

22	6	RZ405-RG653	Peso específico das folhas - Controlo	
23	7	RG417-EM173-ME215	Área da folha bandeira - Controlo e Stress, Dias para o arranque, Dias para a emergência da panícula, Dias para a maturação - Stress, Peso de 1000 sementes completamente cheias - Controlo	Espessura da raiz penetrada (Zhang *et al.*, 2001; Nguyen *et al.*, 2004) Estabilidade da membrana celular (Tripathy *et al.*, 2000)
24	7	ME43-EM1511	Índice de colheita - Stress	Rácio de comprimento da raiz sob tensão (Nguyen *et al.*, 2002)
25	8	ME91-ME21	Índice de colheita - Controlo	Dias até à colheita - Stress (Babu *et al.*, 2003)
26	8	C1121-RM339	Área da folha bandeira, Índice de colheita - Stress	Rácio de comprimento da raiz sob tensão (Nguyen *et al.*, 2002) Altura da planta (Kanbar *et al.*, 2002)
27	8	G187-ME211	Peso de 1000 sementes completamente cheias	Espessura da raiz 0-10 cm de profundidade (Kamoshitha *et al.*, 2002) Enrolamento das folhas (Babu *et al.*, 2003)
28	9	K936-EMP32c-EM159	Peso de 1000 sementes completamente cheias - Controlo e stress	Número total de espiguetas (Lancers *et al.*, 2004)
29	9	ME413-ME96	Área da folha bandeira - Stress	Ajustamento osmótico (Zhang *et al.*, 2001) Biomassa - Controlo (Babu *et al.*, 2003)
30	9	R41-ME210	Peso do rebento - Stress, completamente cheio Peso de 1000 sementes - Controlo	Peso seco da raiz penetrada (Zhang *et al.*, 2001; Ngyyen *et al.*, 2004)
31	9	RG667-RM215	Área foliar da bandeira, Área foliar específica, Peso específico da folha, Peso do rebento, Peso da palha, Peso do grão - Controlo	Teor relativo de água, Dias para o abate - Controlo e Stress (Babu *etal.*, 2003) Comprimento da raiz sob stress, rácio do comprimento da raiz sob stress (Nguyen *et al.*, 2002)
32	9	RM245-RG141	Área foliar específica, Peso foliar específico - Stress	
33	11	C477-EM1710	Peso do grão - Controlo	Raiz profunda por perfilho (Kamoshitha *et al.*, 2002) Rendimento biológico - Controlo (Lancers *et al.*, 2004)
34	11	RG1109-G1465	Peso específico da folha, Peso da palha, Peso do rebento, Peso do grão - Controlo	Comprimento da raiz penetrada (Zhang *et al.*, 2001) Profundidade de enraizamento (Kamoshitha *et al.*, 2002)
35	12	ME612-G2140	Área da folha da bandeira - Stress	Índice de penetração da raiz (Zhang *et al.*, 2001)
36	12	ME66-ME103	Peso de 1000 sementes completamente cheias -	

			Controlo e stress	

4.3 Análise da diversidade

4.3.1 Polimorfismo varietal

4.3.1.1 Primers vs. polimorfismo: Dos 80 pares de primers de microssatélites de arroz (RM) e dos 36 pares de primers EST-PCR testados em 17 genótipos (cultivares e landraces), 69 pares de primers RM e 9 pares de primers EST-PCR foram considerados polimórficos. No total, os pares de primers amplificaram 2 a 8 bandas, cada uma variando de 300 a 1100 pb, entre as 17 linhas de arroz. A percentagem de polimorfismo explicada pelos primers RM e pelos pares de primers EST-PCR é de 86% e 25%, respetivamente. O número de alelos gerados para loci individuais variou de dois a oito. Os pormenores dos primers EST-PCR, que são polimórficos em dezassete linhas de arroz, estão representados no **Quadro 4.9**. Uma fotografia representativa em gel de agarose de alelos em diferentes loci amplificados por RM e pares de primers EST-PCR é apresentada na **Fig. 4.7.** G1 - G17 representam os genótipos CT9993, IR62266, Mahamaya, Swarna, Safri17, Poornima, IR42253, Nootriputtu, IR20, CO43, W1263, MM125A, IR62829B, DRRH1, N22B, Prasanna e TP309.

4.3.2 Análise da diversidade e correlação de perfis genéticos

No presente estudo, das 17 linhas de arroz, duas linhas (CT9993 e TaiPai309) eram de origem japonica e as restantes pertenciam à subespécie indica. A análise baseada em 69 microssatélites de arroz e 9 pares de primers EST-PCR revelou uma diversidade genética significativa entre as dezassete linhas de arroz estudadas. A distância genética entre as dezassete linhas de arroz está representada na **Tabela 4.10**. Os valores de similaridade em termos de distância genética variaram de 0,20 a 0,71. Entre as dezassete linhas de arroz, IR62266 e TaiPei309 eram geneticamente mais distantes entre si (0,20), e IR42253 e IR20 eram as mais próximas (0,71). Um dendrograma gerado por análise de agrupamento (método UPGMA) com base nas 286 bandas com 78 pares de primers (**Fig. 4.8**) revelou que 17 linhas eram separáveis em dois grandes agrupamentos, o agrupamento 1 e o agrupamento 2. O grupo 1 inclui duas das linhas japónicas, CT9993 e TaiPai309. O grupo 2 inclui todas as linhas Indica e subdivide-se em grupos A e B. O subgrupo A inclui 14 genótipos, que foram subagrupados nos subgrupos A1 e A2. O subgrupo A1 inclui IR62266 e IR62829B. O subgrupo A2 foi subdividido em dois grupos, i e ii. O grupo i foi subdividido em dois grupos: o grupo 1 inclui Safri17, MM125A, DRRH1 e Prasanna e o grupo 2 inclui Mahamaya, Poornima, IR42253, IR20, CO43 e W1263. O sub-subgrupo-ii inclui Nootripathu que permanece distinto em

Figura 4.7: Padrão alélico dos marcadores EST-PCR e SSR em diferentes genótipos

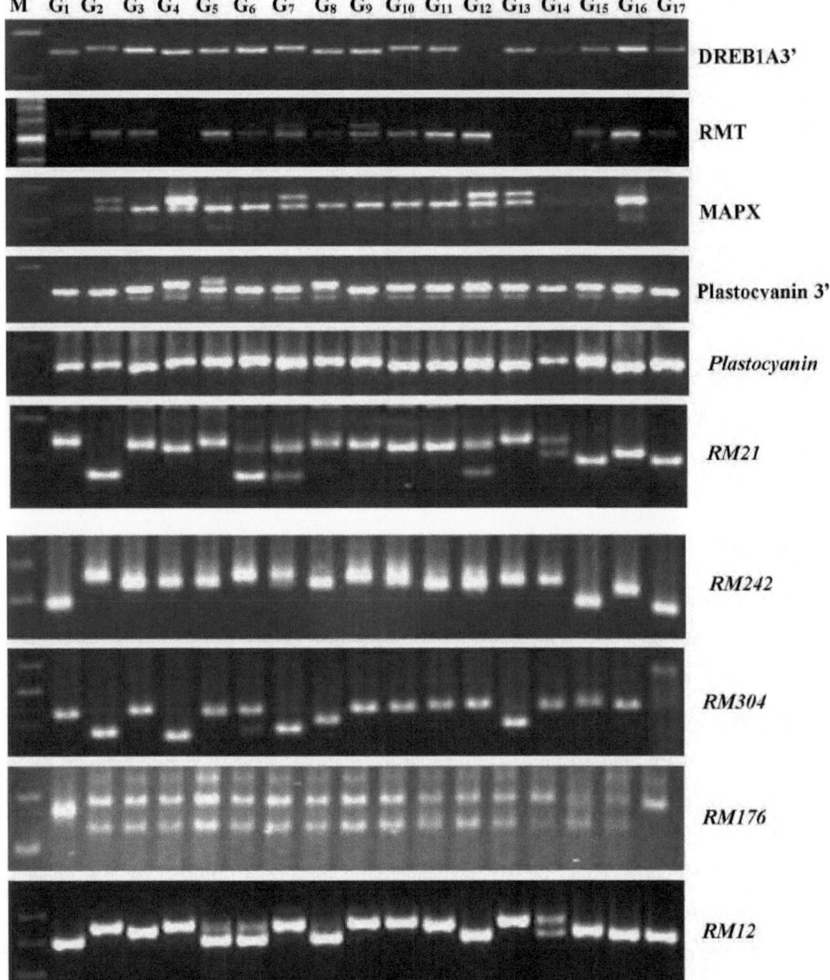

Tabela 4.9: Marcadores ESTPCR de arroz que mostram um polimorfismo entre 17 linhas de arroz

Adesão	Função putativa	Tipo
BI305845	Metalotioneína	Polimórfico
Y07955	Antocianidina sintase	Monomórfico
AY502052	Fator de ligação DRE1D	Monomórfico
AB023482	DREB1B-3'UTR	Monomórfico
BI305501	Subunidade beta da isoenzima 1 da poligalacturonase	Polimórfico
BI306154	Fator de polimerização da actina	Monomórfico
BI306292	Proteína de ligação à clorofila a/b	Polimórfico
BI306379	Peroxidase putativa	Monomórfico
BI306183	Esterase putativa	Polimórfico
BI306417	Fator de ligação DRE1A3'UTR	Polimórfico
AP001168	Fator de ligação DRE1A-promotor	Monomórfico
AP001168	Fator de ligação DRE1A-ORF	Monomórfico
X89859	Chalcona sintase	Monomórfico
Y15219	Facilitador de transcrição C1-Myb	Monomórfico
Y07956	Dihidroflavonol redutase	Monomórfico
AF143746	CER1	Monomórfico
D45423	Ascorbato peroxidase	Monomórfico
BI306129	Proteína responsiva à desidratação3'UTR	Monomórfico
BI306457	Gliceraldeído fosfato desidrogenase3'UTR	Monomórfico
BI306675	Relacionado com o RAS3'UTR	Monomórfico
BI305981	Proteína abundante embriogénica tardia3'UTR	Monomórfico
BI306411	Glutatião-S-transferase II3'UTR	Monomórfico
BI306120	Proteína de ligação ao elemento reativo ao etileno3'UTR	Monomórfico
BI306700	Elongase dos ácidos gordos3'UTR	Monomórfico
D17760	Fator de ribosilação ADP3'UTR	Monomórfico
D26484	Catalase3'UTR	Monomórfico
AB042550	Proteína quinase dependente do cálcio3'UTR	Monomórfico
BI306648	Peroxiredoxina3'UTR	Monomórfico
AF093636	Plastocianina	Polimórfico
AF093636	Plastocianina3'UTR	Polimórfico
D21836	Tioredoxina3'UTR	Monomórfico
D45890	Sacarose fosfo-sintetase	Polimórfico
AF194416	MAP quinase homóloga 2	Monomórfico
AF194415	MAP quinase homóloga 1	Monomórfico

U21747	Aldose redutase	NA
Z34934	Ascorbato peroxidase citosólica	Polimórfico

NA- Não Amplificado

subgrupo A2. O subgrupo B inclui apenas um genótipo N22B, que permanece separado do resto das linhas Indica.

Figura 4.8: Relações filogenéticas entre 17 cultivares de arroz criadas utilizando o programa NTSYS- pc com base nos coeficientes de semelhança DICE calculados a partir da matriz de dados com 286 bandas informativas de ADN polimórfico geradas a partir de 69 pares de iniciadores de microssatélites e 9 pares de iniciadores baseados em EST

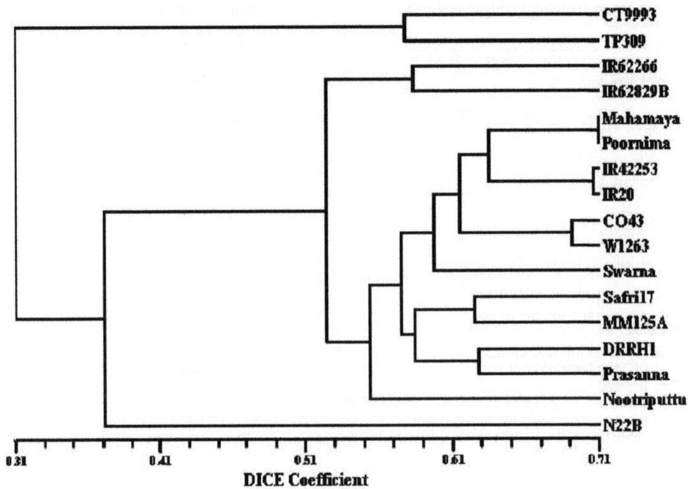

Tabela 4.10: Distâncias genéticas entre 17 linhas de arroz

	CT	IR6	Mah	Swa	Saf	Poo	IR4	Noo	IR20	CO43	W	MM	IR62	DRR	N22B	Pra	TP
CT	1.00																
IR6	0.23	1.00															
Mah	0.33	0.60	1.00														
Swa	0.37	0.49	0.62	1.00													
Saf	0.32	0.48	0.62	0.55	1.00												
Poo	0.33	0.52	0.71	0.58	0.64	1.00											
IR4	0.36	0.63	0.66	0.61	0.55	0.66	1.00										
Noo	0.40	0.34	0.52	0.53	0.61	0.58	0.51	1.00									
IR20	0.34	0.51	0.60	0.58	0.57	0.62	0.71	0.52	1.00								
CO43	0.31	0.50	0.65	0.63	0.60	0.63	0.67	0.60	0.70	1.00							
W	0.39	0.38	0.54	0.56	0.60	0.56	0.54	0.61	0.62	0.69	1.00						
MM	0.48	0.48	0.56	0.53	0.62	0.62	0.53	0.55	0.57	0.57	0.58	1.00					
IR62	0.33	0.58	0.58	0.53	0.47	0.62	0.59	0.51	0.60	0.64	0.53	0.52	1.00				
DRR	0.37	0.49	0.61	0.56	0.59	0.62	0.60	0.49	0.65	0.60	0.49	0.57	0.61	1.00			
N22B	0.34	0.34	0.34	0.36	0.36	0.40	0.31	0.37	0.39	0.37	0.41	0.43	0.38	0.39	1.00		
Pra	0.37	0.40	0.57	0.47	0.57	0.67	0.50	0.56	0.53	0.53	0.58	0.61	0.54	0.63	0.34	1.00	
TP	0.58	0.20	0.23	0.26	0.22	0.28	0.25	0.25	0.22	0.23	0.28	0.34	0.29	0.26	0.34	0.31	1.00

CT-CT9993 IR6-IR62266 Mah-Mahamaya Swa-Swarna Saf-Safri$_{17}$ Poo-Poornima

IR4-IR42253 Noo-Nootripathu W-1263 MM-MM125$_{A}$ IR62-IR62829$_{B}$

DRR-DRRH$_{1}$ Pra-Prasanna TP-TaiPai309

5. DISCUSSÃO

O arroz representa 35-60% da energia dietética na ingestão média diária da população que come arroz nos países asiáticos. O seu melhoramento em termos de tolerância ao stress e o aumento da sua produtividade em condições de stress numa base sustentável são fundamentais para que países como a Índia mantenham a estabilidade dos rendimentos e a segurança alimentar. Historicamente, a investigação para o melhoramento genético da tolerância à seca e da estabilidade do rendimento das plantas cultivadas em geral e do arroz em particular tem sido bastante lenta através de métodos convencionais, devido à complexidade e à baixa hereditariedade dos parâmetros de rendimento em condições de défice hídrico. As limitações da variabilidade genética bem caracterizada ou subexplorada e a falta de ferramentas melhoradas para identificar materiais genéticos adequados e a sua utilização em programas de melhoramento constituem dois grandes constrangimentos à produção de arroz em zonas propensas à seca. A elevada interação genótipo-ambiente (GXE) dificulta a identificação consistente de genótipos superiores para tolerância à seca em diferentes regiões e estações agro-climáticas. As experiências laboriosas e morosas e a influência altamente complexa e variável do ambiente dificultam a seleção de arroz tolerante à seca através de métodos convencionais. Na história da domesticação e melhoramento do arroz, apenas uma pequena fração da variabilidade em termos de tolerância ao stress hídrico (caracteres secundários) pôde até agora ser capturada nas cultivares. Estima-se que nem sequer 15% da variabilidade disponível no arroz tenha sido explorada para o seu melhoramento em programas de melhoramento, incluindo a tolerância ao stress hídrico. Por outras palavras, as variações alélicas dos genes (alelos superiores) associados à tolerância à seca e à estabilidade da produção continuam por descobrir nas raças terrestres e nas espécies infestantes.

O risco crescente de secas graves e recorrentes e de escassez de água realça a necessidade de uma abordagem integrada para a seleção de arroz tolerante à seca. Para facilitar esta abordagem, é necessário desenvolver técnicas genéticas e moleculares mais convenientes e eficazes. Os recentes avanços no domínio da biologia molecular e da sequenciação do genoma proporcionaram um conjunto de ferramentas poderosas para o melhoramento do arroz, tanto em termos de caraterísticas quantitativas como qualitativas. Paralelamente, os avanços nos marcadores moleculares e nas tecnologias de mapeamento, em combinação com a fenotipagem de precisão (experiências fisiológicas), a estatística e a genómica, estão a começar a fornecer pistas valiosas para a identificação dos segmentos genéticos (genes) associados a QTLs para a tolerância à seca no arroz. A utilização de marcadores de ADN no melhoramento de culturas foi iniciada no tomate e no milho com marcadores RFLP (Weller, 1987; Stuber *et al.*, 1987; Edwards *et al.*, 1987; Tanksley e Hewitt, 1988). Estes esforços pioneiros conduziram a uma melhor compreensão das caraterísticas quantitativas e à utilização da tecnologia de marcadores para o melhoramento das culturas. As tecnologias de marcadores de ADN permitem a construção de mapas genéticos abrangentes, que por sua vez revelam informações extensas e precisas sobre as regiões do genoma que regem os caracteres quantitativos e qualitativos. Os nossos resultados realçam a utilidade das tecnologias de marcadores na saturação de mapas, na identificação de QTLs para a tolerância à seca e na análise da diversidade genética do arroz.

5.1 Saturação do mapa

5.1.1 Segregação de marcadores moleculares na população de mapeamento

A distribuição geral da frequência dos alelos CT9993 e IR62266 para 83% dos 75 novos marcadores analisados (72 SSR e 3 EST-PCR) em 154 DHLs está próxima dos 50% esperados. Treze por cento dos marcadores mostram uma inclinação para CT9993 e 4% para IR62266. Anteriormente, esta distribuição enviesada dos marcadores para um ou outro progenitor foi registada em populações DHL (Lu *et al.*, 1996), bem como em populações recombinantes endogâmicas (Xu *et al.*, 1995; McCouch *et al.*, 1988) de arroz.

5.1.2 Integração de marcadores e mapa de ligação

O nível geral de polimorfismo entre dois progenitores para a população de mapeamento DHL foi de 30% e 57 novos marcadores foram adicionados ao mapa de ligação genética existente da população CT9993/IR62266 napping. Os marcadores SSR foram adicionados a todos os 12 grupos de ligação da população de mapeamento, enquanto os marcadores EST-PCR foram mapeados nos cromossomas 5, 6 e 11 (**Fig. n.º 5.1**). Um total de 340 marcadores (137 RFLPs, 131 AFLPs, 69 SSRs e 3 marcadores EST-PCR) foram utilizados na construção do mapa de ligação genética integrado. A integração de novos marcadores SSR e EST-PCR com o mapa anterior gerou um novo mapa com um total de 1976,6 cM, mostrando um tamanho médio de intervalo de 5,8 cM entre os marcadores ao longo da estrutura. Existem poucas lacunas no mapa que vão até 35 cM. Em alguns relatórios anteriores, foram apresentados mapas de ligação de arroz com intervalos superiores a 40 cM e, de facto, esses mapas foram utilizados para a identificação de QTL (Li *et al.*, 1995; Price e Thomas, 1997; Pradeep *et al.*, 2005). A relação de ligação gerada desta forma foi comparada com a ordem dos marcadores no mapa de arroz de Cornell (Temnykh *et al.*, 2000 e 2001) e no mapa do Texas (Nguyen *et al.*, 2002).

Fig. 5.1: Marcadores EST-PCR mapeados nos respectivos cromossomas

Chromosome 5

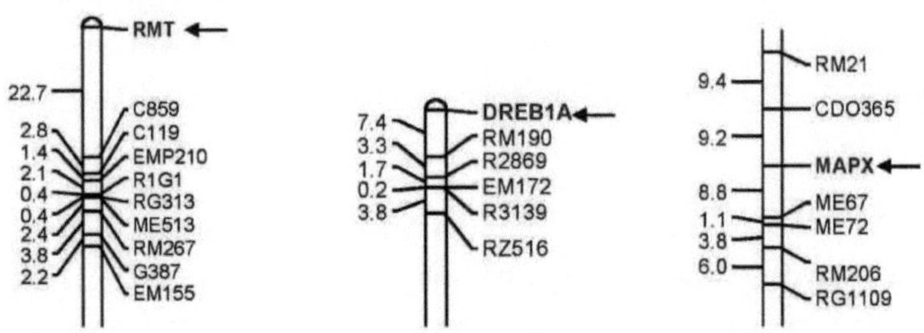

5.1.3 Desvios das posições dos marcadores em relação a mapas anteriores

Observámos alguns desvios na ordem dos marcadores de microssatélites em relação ao mapa de arroz de Cornell no cromossoma 1 e no cromossoma 11 (**Fig. 5.2**). Os marcadores RM5 e RM9 foram mapeados na ordem inversa no mapa do cromossoma 1 do CT9993/IR62266, conforme ilustrado na **Fig. 5.2a**. O RM19 foi mapeado no cromossoma 11 no presente estudo, ao passo que foi registado no cromossoma 12 do mapa IR64/Azucena de Cornell **(Fig. 5.2b)**. Este desvio pode dever-se ao facto de os cromossomas 11 e 12 partilharem duplicações, tal como referido em estudos anteriores (Cho et al., 1998; Temnykh *et al.,* 2000 e 2001). A ordem dos marcadores no mapa integrado do presente estudo foi comparada com a do mapa anterior (Nguyen *etal.,* 2002) para verificar a consistência da ordem dos marcadores nos cromossomas. A ordem dos marcadores era, em geral, a mesma em todos os cromossomas, exceto no cromossoma 10. Quatro novos marcadores de microssatélites, RM244, RM216, RM271 e RM304, foram acrescentados ao grupo anterior. Uma análise mais aprofundada, utilizando os comandos compare, order e ripple no Mapmaker, revelou que o RG257, que tinha sido mapeado anteriormente na ponta (Nguyen *etal.,* 2002), foi deslocado para o centro do cromossoma. O mapeamento do RG257 perto do centrómero ou em direção ao centro do cromossoma 10 foi anteriormente referido por outros (Khush *et al.,* 1996; Temnykh 2000 e 2001). A ordem dos marcadores do presente estudo em comparação com a do mapa anterior (Nguyen *et al.,* 2002) do cromossoma 10 foi ilustrada na **Fig. 5.2c**.

Fig 5.2: Desvios das posições dos marcadores em relação aos mapas anteriores Fig 5.2a: Cromossoma 1 de CT9993/IR62266 e IR64/Azucena

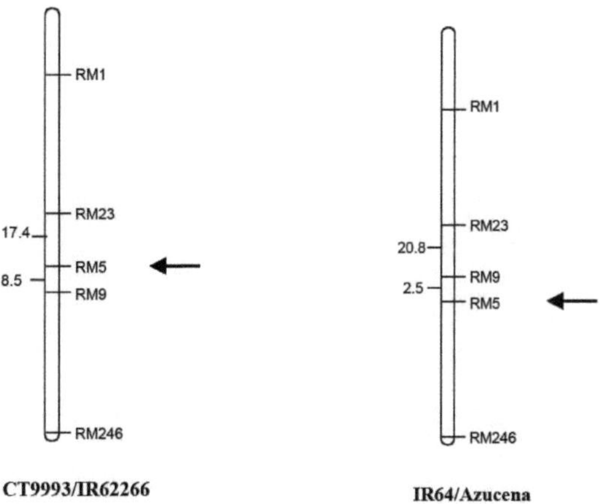

Fig. 5.2b: Cromossoma 11 e cromossoma 12 de CT9993/IR62266 e IR64/Azucena

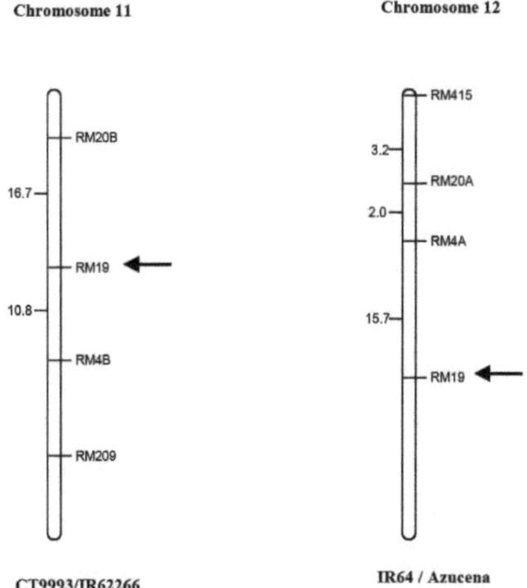

Fig 5.2c: Cromossoma-10 de CT9993/IR62266 do mapa anterior (Nguyen et al., 2002)

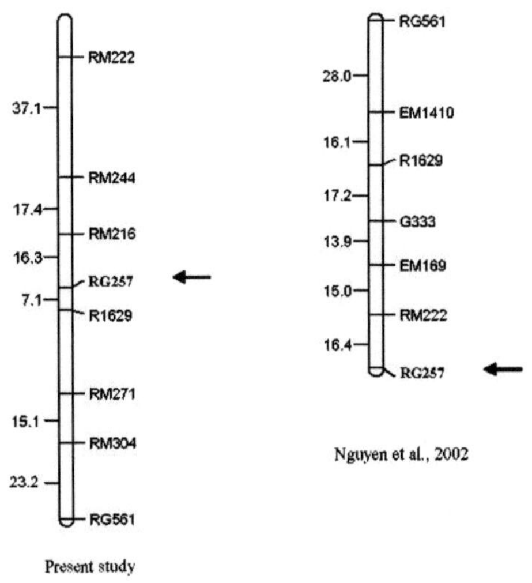

5.2 Identificação de QTL

5.2.1 Associações de pares de caracteres sob stress hídrico no campo

A resistência à seca em termos de rendimento de diferentes genótipos pode ser avaliada por vários parâmetros: rendimento sob seca, rendimento sob seca como percentagem do rendimento sob irrigação e índice de suscetibilidade à seca para rendimento sob seca (Fischer e Maurer, 1978). Todas as caraterísticas relacionadas com o rendimento avaliadas mostraram uma distribuição normal com segregantes transgressivos em ambos os extremos entre os DHL, exceto para as caraterísticas peso do grão, peso do rebento e peso da palha que mostraram segregação transgressiva para o progenitor tolerante CT9993 sob stress de seca no campo. Foi observada uma variabilidade significativa entre os indivíduos da população de mapeamento para diferentes caraterísticas. A segregação transgressiva foi comumente observada em populações segregantes, incluindo DHLs e RILs, para muitas caraterísticas quantitativas (Quarri *et al.,* 1997; Nguyen *et al.,* 2002; Babu *et al.,* 2003). Os componentes da tolerância à seca e do rendimento sob stress hídrico, sendo caraterísticas independentes, podem apresentar relações positivas ou negativas entre si. Significativamente, o presente estudo confirma que os principais componentes seguem uma correlação positiva significativa com o rendimento de grãos por planta sob stress de seca no campo, que, por sua vez, é determinado pelo número de espiguetas férteis por panícula. O presente estudo mostra uma elevada variabilidade entre os indivíduos da população de mapeamento e a natureza da relação (correlação) entre as diferentes caraterísticas. Por exemplo, os resultados estão de acordo com os de Blum *et al.* (1999) no que respeita à variabilidade significativa entre os indivíduos da população de mapeamento para caraterísticas como o ajustamento osmótico, o índice de penetração da raiz e a espessura da raiz penetrante. Os resultados também estão de acordo com Babu *et al.* (2003) no que respeita à correlação de pares de caracteres entre o peso do grão (GW) e o peso da palha e do rebento, que seguem uma associação positiva, enquanto a esterilidade das espiguetas (SS) mostra uma associação negativa com o peso do grão (GW) e o índice de colheita (HI).

5.2.2 Identificação e estudo de QTLs para caraterísticas morfológicas, fenológicas e relacionadas com a produção

O mapeamento de QTL fornece algumas indicações sobre a gama de complexidade que se espera encontrar na compreensão da base genética das caraterísticas quantitativas. É evidente que os genes raramente funcionam de forma independente do resto do genoma, sendo mais provável que façam parte de uma rede de genes que interagem com alelos alternativos num locus. Na população, estes alelos podem estar a segregar-se, determinando a variação da caraterística. Os marcadores de ADN neutros revolucionaram a compreensão e a capacidade de dissecar as caraterísticas quantitativas. Os mapas de ligação de alta densidade são um pré-requisito para os estudos de identificação de QTL e, utilizando métodos estatísticos poderosos, podem ser determinados intervalos de probabilidade para a localização exacta dos QTL (Lander e Botstein, 1989). Os marcadores de ADN associados aos QTLs revelam muitos pormenores no presente estudo, que incluem, em termos gerais, a localização dos QTLs no genoma, o número de QTLs que regem uma caraterística e a sua contribuição relativa para a caraterística, a natureza pleiotrópica de um QTL em muitas caraterísticas, etc.

Vários caracteres de caraterísticas agronómicas importantes, como o stress hídrico e o rendimento em condições de seca, são de natureza quantitativa. Cada um dos loci individuais de um sistema poligénico contribui com um pequeno efeito positivo ou negativo para a caraterística e a expressão fenotípica do carácter é o resultado da ação colectiva destes múltiplos factores (loci) e da sua interação com o ambiente. Nos estudos de mapeamento de QTL, a percentagem de variância fenotípica sob o controlo de cada locus é geralmente utilizada para avaliar os efeitos do locus específico na caraterística. O mapeamento por intervalo com o MapMaker/QTL permitiu a identificação de 98 QTLs espalhados por todos os cromossomas, exceto no cromossoma 5, relacionados com caraterísticas morfológicas, fenológicas e de rendimento, tanto em condições de controlo como de stress hídrico no campo (**Quadro 4.5**).

Para a área da folha bandeira, foram identificados dez QTLs (stress de seca no campo) e sete (controlo) nos cromossomas 1, 2, 3, 4, 7, 8, 9, 10 e 12. Os QTLs que controlam a área da folha bandeira sob controlo e sob stress hídrico nos cromossomas 1 e 4 foram mapeados para a mesma região, enquanto nos cromossomas 2 e 7 têm um marcador em comum. Os QTLs *qSFLA-3, qSFLA-8, qSFLA-9-1, qSFLA-9-2 e qSFLA-12* foram únicos e identificados apenas sob stress de seca, enquanto *qCFLA-9 e qCFLA-10* foram identificados apenas em condições de controlo, contribuindo para a área da folha bandeira.

Para a área foliar específica, foram identificados 4 QTLs (stress) e 3 (controlo) nos cromossomas 3, 4, 6, 9 e 10. Com exceção do QTL no cromossoma 6, mapeado para a região (RZ516-C325), todos os restantes são únicos. Os QTLs *qSSLA-3, qSSLA-4 e qSSLA-9* foram identificados apenas em condições de stress hídrico, enquanto os QTLs *qCSLA-9 e qCSLA-10* foram identificados em condições de controlo.

Para o peso específico das folhas, foi identificado um único QTL no cromossoma 9 que contribui para o stress hídrico, mas os alelos favoráveis para esta caraterística provêm do IR62266. Este resultado indica que, apesar de o IR62266 ser fenotipicamente mais fraco em termos de tolerância à seca, é portador de alelos que contribuem para o peso específico das folhas sob stress de seca. Foram detectados cinco QTLs para o peso específico das folhas em condições de controlo nos cromossomas 6, 9, 10 e 11.

Seis QTLs (quatro em stress de seca e dois em controlo) foram identificados para o número de dias de arranque. Todos os alelos favoráveis para a caraterística são do IR62266. Quatro QTLs que abrangem os marcadores CDO345-RZ909, RG104-EM119, RM282-EM131 e RG417-EM173 em condições de stress também controlam o número de dias para a emergência da panícula, juntamente com outra região no cromossoma 2 que abrange C1419-EM1110. A região RG104-EM119 contribui para ambas as caraterísticas em condições de controlo (Quadro: 4.5), enquanto a região R2170-RZ672 é única para o número de dias até ao arranque em condições de controlo e a região RZ672-RG913 para o número de dias até à emergência da panícula em condições de controlo.

Foram identificados seis QTL (quatro em condições de stress hídrico e dois em condições de controlo) para o número de dias até à colheita. Os QTLs nos cromossomas 1, 2 e 3, perto das regiões RG109-RM104, C1419-EM1110 e RM282-EM131, só se expressam em condições de stress, enquanto o da região R2170-RZ672 no cromossoma 3 só se expressa em condições de controlo. A região RG104-EM1119 no cromossoma 3 foi expressa tanto em condições de controlo como de stress de seca. O mapeamento por intervalo composto detectou 11 QTLs para a caraterística, tanto em condições de stress como de controlo, para o número de dias até à colheita. Curiosamente, os alelos favoráveis para todos os QTLs para a caraterística em condições de stress e em condições de controlo, exceto perto do marcador C563 (cromossoma 3), são do progenitor suscetível IR62266

Foram identificados cinco QTLs para o número de dias até à maturidade em condições de stress hídrico, dois QTLs nos cromossomas 1 e 3 e um nos cromossomas 2, 7 e 10. Curiosamente, não foi detectado qualquer QTL para o número de dias até à maturação em condições de controlo através do mapeamento por intervalos. No entanto, o mapeamento por intervalos compostos detectou quatro

QTLs para esta caraterística em condições de controlo nos cromossomas 10, 11 e 12, respetivamente. Curiosamente, foi identificado um QTL importante que controla a caraterística no cromossoma 2, perto do marcador TGMSP2, que está intimamente ligado ao gene genético termossensível de esterilidade masculina do arroz. Este é identificado tanto no mapeamento por intervalos como no mapeamento por intervalos compostos.

Foi identificado um único QTL que controla o peso do grão em condições de stress no cromossoma 4, abrangendo os marcadores RG163-RG939. O mapeamento por intervalo composto também detectou um QTL na mesma região com RG163 como marcador mais próximo. Para ambas as regiões, os alelos favoráveis para a caraterística são do progenitor tolerante CT9993. Os QTLs para o peso da palha e o peso do rebento em condições de controlo foram mapeados para as mesmas regiões nos cromossomas 3, 9, 10 e 11, enquanto foram identificados dois QTLs para o peso da palha e um único QTL para o peso do rebento que controla o peso do rebento em condições de stress. Curiosamente, para todos os QTLs, os alelos favoráveis em condições de controlo provêm do IR62266, enquanto em condições de stress provêm do progenitor tolerante CT9993. Foram identificados quatro QTLs para o índice de colheita em condições de stress através de mapeamento por intervalos, enquanto dois em condições de controlo. Os QTLs no cromossoma 3 foram mapeados para as mesmas regiões em ambas as condições, enquanto os QTLs nos cromossomas 1, 7 e 8 são únicos e identificados apenas em condições de stress. É interessante notar que o genótipo suscetível IR62266 é portador de combinações alélicas favoráveis para o índice de colheita em condições de stress. No caso dos QTLs para o peso de 1000 sementes completamente cheias, os alelos favoráveis são maioritariamente do progenitor tolerante CT9993.

Foram identificados seis QTLs para esterilidade de espiguetas em condições de controlo e de stress de seca no campo. Os QTLs em RM282-EM131 são comuns tanto em condições de stress como de controlo, enquanto os restantes são únicos tanto em condições de controlo como de stress. Exceto os QTLs na região RM275-RZ682, os alelos favoráveis para esta caraterística são do progenitor tolerante CT9993. Um padrão semelhante foi observado para a maioria dos QTLs identificados pelo mapeamento por intervalo composto.

5.2.3 Identificação de QTLs comuns em populações de mapeamento

Foi realizada uma análise comparativa dos QTLs do presente estudo e de outras experiências para identificar QTLs comuns para caraterísticas morfológicas, fenológicas, radiculares e relacionadas com a produção, tanto sob stress de controlo como de seca, em diferentes antecedentes genéticos. Além disso, a existência de marcadores comuns bem definidos entre as populações de mapeamento ajudar-nos-á a comparar os resultados dos estudos de QTL entre elas. Tendo isto em conta, foram comparados os QTLs que partilham pelo menos um marcador comum ligado ao QTL ou presente na sua proximidade em diferentes populações de mapeamento. Foram identificadas cinco regiões distintas em diferentes origens genéticas nos cromossomas 3, 4 e 6 que controlam caraterísticas morfológicas, fenológicas, radiculares e relacionadas com a produção em condições de controlo e de stress hídrico no campo.

Os QTLs identificados no intervalo do marcador RG104-EM119 no cromossoma 3 (população CT9993/IR62266), que controlam caraterísticas fenológicas, foram encontrados na mesma localização cromossómica no mapa de ligação genética de IR64/Azucena e Tesanai2/CB **(Fig. 5.3).** Verificou-se que essa mesma região estava associada a mais de uma caraterística, a saber: duração da floração (Hittalmani *et al.*, 2002); dias até a floração, dias até a maturidade (Venuprasad *et al.*, 2002); volume da raiz e peso seco da raiz (Hemamalini *et al,* 2000); número total de raízes, espessura da raiz e espessura da raiz penetrada na população IR64/Azucena (Zheng *et al.*, 2000); altura da planta, comprimento da panícula e número total de espiguetas por panícula na população Tesani2/CB (Zhuang *et al.*, 1997).

FIG 5.3: Comparação da região genómica no cromossoma 3 que controla diferentes caraterísticas nas populações de mapeamento.

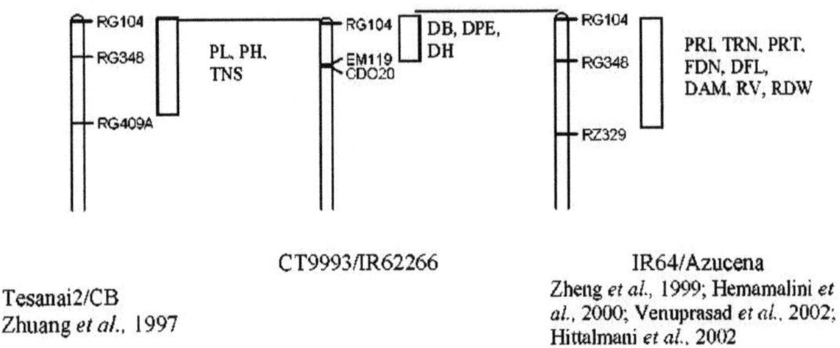

PL- Comprimento da panícula, PH- Altura da planta, TNS- Número total de espiguetas /panícula, DB- Dias para o arranque, DPE- Dias para a emergência da panícula, DH- Dias para a cabeça, PRI- Índice de penetração da raiz, TRN- Número total de raízes, PRT- Espessura da raiz penetrada, FDN- Duração da floração, DFL- Dias para a floração, DAM- Dias para a maturação, RV- Volume da raiz, RDW- Peso seco da raiz.

Da mesma forma, o QTL na região RG163-RG939 no cromossoma 4 que controla o peso do grão sob stress foi considerado sinténico com a região no mapa da população IR64/Azucena (**Fig. 5.4**) que controla a espessura da penetração da raiz (Zheng *et al.*, 2000); número de panículas e número de espiguetas (Hittalmani *et al.*, 2002). Os QTLs identificados no intervalo de marcadores RG476-RM348-RG214-RG620 no cromossoma 4 que controlam a área da folha bandeira, a área específica da folha e a esterilidade das espiguetas sob stress no presente estudo foram associados a outras caraterísticas, tais como as caraterísticas da raiz e da panícula. QTLs no intervalo RG476- RM348 foram encontrados controlando a caraterística comprimento e peso de grãos (Redona e Mackill, 1998) no mapa da população Labelle/Black Gora (**Fig. 5.5**). Da mesma forma, outro QTL que afeta a esterilidade de espiguetas, folha bandeira e área foliar específica sob estresse no intervalo de marcadores de RG214-RG620 foi encontrado para ser associado a uma região semelhante no cromossomo 4, controlando o comprimento da raiz na população IR64/Azucena **Fig 5.5** (Hemamalini *et al.*, 2000); número de panículas por planta, peso de 1000 grãos, peso de grãos por planta, número total de espiguetas por planta e altura da planta na população Tesani2/CB, conforme representado na **Fig. 5.5** (Lin *et al.*, 1996; Zhuang *et al.*, 1997); espiguetas por panícula na população Zhai-Ye-Qing8/Jing-Xi17 (Lu *et al.*, 1997); ramificação primária da panícula na população Palawan/RG42 (Wu *et al.*, 1996).

FIG 5.4: Comparação da região genómica no cromossoma 4 que controla diferentes caraterísticas nas populações de mapeamento.

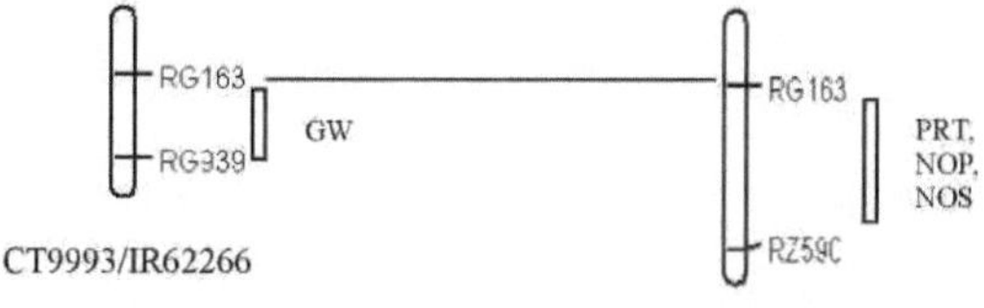

IR64/Azucena
Zheng *et al.*, 2000; Hittalmani *et al.*, 2002

GW- Peso de grãos/planta, PRT- Espessura da raiz penetrada, NOP-Número de panículas, NOS- Número de espiguetas.

Verificou-se que duas regiões cromossómicas no cromossoma 6, perto dos marcadores C235 e RG653 (Fig. 5.6) (população CT9993/IR62266), afectavam a área foliar específica e o peso foliar específico no presente estudo, contribuindo para o peso de 1000 grãos na população Zhai-Ye-Qing8/Jing-Xi17, perto do marcador C235, conforme representado na **Fig. 5.6** (Lu *et al.*, 1997) e para o comprimento médio da panícula por planta na população Palawan/RG42, perto do marcador RG653 (Wu *et al.*, 1996).

FIG 5.5: Comparação da região genómica no cromossoma 4 que controla diferentes caraterísticas nas populações de mapeamento.

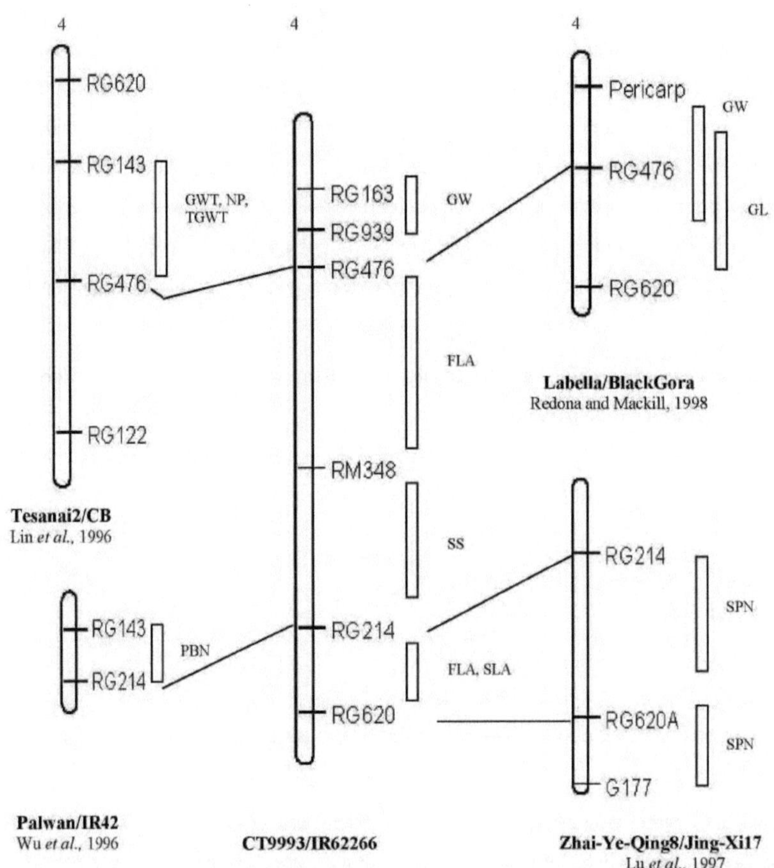

GWT- Peso de grãos/planta, NP- Número de panículas/planta, TGWT-1000- Peso de grãos, PBN- Número médio de ramos primários por panícula por planta, GW- Peso de grãos/planta, FLA- Área da folha bandeira, SLA- Área foliar específica, SS- Esterilidade de espiguetas, GL- Comprimento de grãos, SPN- Espiguetas por panícula.

FIG 5.6: Comparação da região genómica no cromossoma 6 que controla diferentes caraterísticas nas populações de mapeamento.

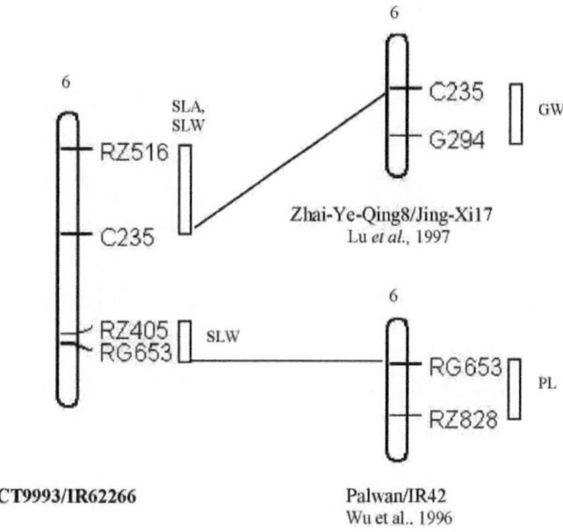

SLA- Área foliar específica, SLW- Peso foliar específico, GW- Peso de 1000 grãos, PL- Comprimento médio da panícula.

5.2. 4Efeitos pleiotrópicos dos QTLs, comparação entre ambientes e populações

As caraterísticas fortemente correlacionadas na genética clássica tendem a ser mapeadas para a mesma região genómica, mostrando a natureza pleiotrópica de um ou mais genes estreitamente ligados (Paterson *et al.,* 1991). Este tipo de natureza pleiotrópica de um QTL que controla mais do que uma caraterística foi registado (Paterson *et al.,* 1991; Sanguineti *et al.,* 1999; Kamoshitha *et al.,* 2002; Babu *et al.,* 2003). No presente estudo, os QTLs estão distribuídos por todos os cromossomas para caraterísticas morfofenológicas e relacionadas com a produção, exceto no cromossoma 5. Em particular, muitos QTLs encontram-se agrupados em algumas regiões genómicas nos cromossomas 1, 2, 3, 4, 7 e 9. Curiosamente, a maior parte dos QTLs identificados no presente estudo estão agrupados perto das mesmas regiões genómicas ou na vizinhança de QTLs anteriormente comunicados (Tripathy *et al.,* 2000; Zhang *et al.,* 2001; Kamoshita *et al.,* 2002; Babu *et al.,* 2003; Lanceras *et al.,* 2004) que controlam a raiz e outras caraterísticas relacionadas com o rendimento secundário sob stress hídrico. Por exemplo, os QTLs, *qSDH-1, qSDM-1-2 e qSSTW-1* foram mapeados para a região que abrigava QTLs para peso seco total da raiz, comprimento da raiz sob tensão, secagem das folhas, dias para o encabeçamento, altura da planta, grãos por panícula, comprimento total da planta e número de panículas sob condições de solo duro simulado (Zhang *et al,* 2001), stress de alumínio (Nguyen *et al.,* 2002), stress de seca no campo (Babu *et al.,* 2003) e stress hídrico em gradiente (Lanceras *et al.*, 2004). Os QTLs, *qSFLA-1, qSDB-1 e qSDPE-1* foram mapeados para a região que abrigava QTLs para estabilidade da membrana celular (Tripathy *et al.*, 2000), ração de raiz sob estresse (Nguyen *et al.*, 2002), espessura da raiz em casa de vegetação (Kamoshita et al., 2002), ração de comprimento de raiz e broto (Kanbar *et al.*, 2002) e índice de colheita, altura da planta e número de panículas sob estresse hídrico gradiente (Lanceras *et al.*, 2004). Da mesma forma, os QTLs, *qSDB-2, qSDPE-2, qSDH-2, qCSTW-2 e qCSHW-2* foram mapeados para a região que abriga QTLs para a razão raiz/parte aérea (Nguyen *et al.*, 2002) e rendimento relativo sob stress hídrico no campo (Babu *et al.*, 2003). Os QTLs, *qSFLA-2, qCFLA-2, qSDM-2* e *qCPFSW-2* foram mapeados para a região que abriga QTLs para a espessura da raiz basal (Zhang et al., 2001; Nguyen *et al.*, 2004), comprimento da raiz de controlo (Nguyen *et al.*, 2002), profundidade de enraizamento, espessura da raiz, biomassa de rebentos (Kamoshita *et al.*, 2002) e temperatura da copa (Babu *et al.*, 2003). Os QTLs, *qSDB-3-1, qCDB-3, qSDPE-3-1, qCDPE-3, qSDH-3-1* e *qCDH-3* foram mapeados para a região com o intervalo de marcadores RG104-EM119. Esta região abrigou QTLs para força de arrancamento de raízes (Zhang *et al.*, 2001; Nguyen *et al.*, 2004), dias para o crescimento e grãos por panícula em condições de controlo (Babu *et al.*, 2003), índice de colheita e dias para a floração após o início do gradiente de irrigação (Lanceras *et al.*, 2004). Os QTLs na região genómica *qSDB-3-2, qSDPE-3-2, qSDH-3-2, qSSS-3-1* e qCSS-3-1 *foram* mapeados no intervalo RM282-EM131, e *qCDB-3* e *qCDH-3* foram mapeados para a região genómica no intervalo R2170-RZ672, respetivamente. Estas regiões abrigaram QTLs para o índice de penetração radicular e a força de arrancamento radicular (Zhang *et al.*, 2001) e a força de arrancamento radicular (Zhang *et al.*, 2001) e os dias até ao abate da cabeça para stress e controlo, respetivamente (Babu *et al.*, 2003). Os QTLs, *qSFLA-3, qSSLA-3* e *qSCFSW-3*, foram mapeados para a região genómica com o intervalo de marcadores RZ474-C746-ME82, que alberga QTLs para a espessura da raiz basal (Zhang et al., 2001; Nguyen *et al.*, 2004), massa profunda da raiz (Kamoshita *et al.*, 2002) e número total de espiguetas (Lanceras *et al.*, 2004).

No presente estudo, a região genómica no cromossoma 4, RG939-RZ476- RM348-RG214 albergou QTLs, *qSFLA-4-1, qSFLA-4-2, qSGW-4* e *qSSS-4* e, segundo consta, esta região albergou QTLs para o índice de penetração da raiz, espessura da raiz basal, espessura da raiz de penetração, força de tração da raiz e peso seco da raiz penetrada (Zhang *et al*, 2001); raiz profunda por perfilho, espessura da raiz (Kamoshitha *et al.*, 2002); altura da planta, rendimento de grãos sob stress (Babu *et al.*, 2003); número de panículas por colina e percentagem de esterilidade de espiguetas (Lanceras *et al.*, 2004). A região genómica RG417-EM173-ME215 no cromossoma 7 contém QTLs, *qSFLA-7, qCFLA-7, qSDB-7, qSDPE-7, qSDM-7* e *qCCFSW-7* no presente estudo abriga QTLs para a espessura da raiz penetrada e espessura da raiz basal (Zhang *et al.*, 2001; Nguyen *et al.*, 2004) e estabilidade da membrana celular (Tripathy *et al.*, 2000). Um único QTL, *qSFLA-9-1*, foi identificado na região que abrigava QTLs para ajuste osmótico (Zhang *et al.*, 2001) e biomassa sob condições de controlo (Babu *et al.*, 2003). Os QTLs, *qCFLA-9, qCSLA-9, qCSLW-9, qCGW-9, qCSTW-9* e *qCSHW-9* foram mapeados para a região que abrigava QTLs para ração de raiz de stress e comprimento de raiz sob stress de alumínio (Nguyen *et al.*, 2002) e conteúdo relativo de água, número de dias para a cabeça tanto sob controlo como sob stress de seca no campo (Babu *et al.*, 2003). Os QTLs, *qCSLW-11, qCGW-11-2, qCSTW-11* e *qCSHW-11* foram mapeados para a região que abrigava QTLs para comprimento de raiz penetrada (Zhang *et al.*, 2001) e profundidade de enraizamento (Kamoshita *et al.*, 2002).

Assim, os resultados do presente estudo sugerem que as regiões dos cromossomas 1, 2, 3, 4, 7 e 9 são críticas, transportando muitos QTLs relacionados com caraterísticas de tolerância à seca. Estes resultados concordam amplamente com relatórios anteriores no que diz respeito à importância relativa das regiões cromossómicas que albergam alelos favoráveis para diferentes caraterísticas secundárias de tolerância à seca e rendimento sob stress hídrico. No entanto, com exceção do peso do grão, do peso do rebento e do peso de mil sementes parcialmente cheias sob stress, todos os outros são controlados por mais do que um QTL, o que sugere que se trata muito provavelmente de blocos de genes diferentes que não são de natureza alélica, mas que contribuem para a expressão de uma caraterística comum. Considerando o facto de que um QTL pode, em grande parte, ser herdado como um locus complexo ou um bloco genético, consistindo em mais de um gene (até 100 genes) com pequenos efeitos, eles podem ser dissecados usando esta abordagem. Curiosamente, algumas das regiões genómicas são responsáveis por mais do que um QTL. A base genética deste fenómeno pode ser explicada como sendo devida a genes fortemente ligados ou a blocos de genes (QTLs) que regem, cada um deles, um componente de uma caraterística complexa ou um efeito pleiotrópico de um mesmo QTL. A menos que tenhamos mapas altamente saturados e um mapeamento fino das regiões QTL com os genes candidatos putativos como marcadores genéticos, a base deste fenómeno permanece inexplicada.

A compreensão da base genética da resistência à seca nas culturas é muito importante para permitir aos criadores desenvolver novas cultivares com resistência à seca. A maior parte dos QTLs identificados no presente estudo são mapeados para as mesmas regiões ou na vizinhança dos QTLs que controlam outros traços de tolerância à seca, como traços radiculares, ajustamento osmótico e estabilidade da membrana, etc. Curiosamente, foram identificados novos QTLs que controlam os traços dias para o encabeçamento, rendimento de grãos, índice de colheita específicos do ambiente, para além dos QTLs detectados em estudos anteriores para os mesmos traços (Babu *et al.*, 2003).

Um genótipo com melhor desempenho num determinado ambiente pode não o fazer noutro ambiente, devido a uma forte interação G x E. O desempenho diferencial atribuível à adaptabilidade genética relativa ao ambiente não é invulgar. Pode ser interpretado como sendo devido a diferenças na sensibilidade dos QTLs que regem a caraterística. Paterson *et al.* (1990) demonstraram este fenómeno no tomate. No que respeita à utilização de QTLs no melhoramento aplicado, as linhas de melhoramento que se desenvolvem bem em todos os ambientes podem ser úteis em situações que exijam uma adaptabilidade geral. As que são específicas de um determinado local podem ser utilizadas de duas formas, *ou seja,* combinando QTLs com diferentes especificidades num único genótipo e explorando os potenciais QTLs específicos de um ambiente para tirar partido da adaptabilidade específica.

Muitos estudos anteriores mostraram que os genótipos com um melhor sistema radicular têm um melhor desempenho em termos de rendimento sob stress de seca (Hemamalini *et al.*, 2000; Hittalmani *et al.*, 2002; Venuprasad *et al.*, 2002; Babu *et al.*, 2003). É interessante, a partir dos resultados do presente estudo, que os QTLs identificados perto de RG109-RM104 e CDO345-RZ909, para a área da folha bandeira, peso da palha, dias para o surgimento da panícula e maturidade, foram mapeados para a mesma região genómica que afecta a estabilidade da membrana celular (Tripathy *et al.*, 2000); relação do comprimento da raiz e do rebento (Kanbar *et al.*, 2002); índice de colheita, número de panículas e altura da planta (Lanceras *et al.*, 2004). A sobreposição dos QTLs para a área da folha bandeira e a área foliar específica com os QTLs para caraterísticas relacionadas com a raiz justifica-se pelo facto de um sistema radicular mais longo penetrar em camadas mais profundas e satisfazer as necessidades de evapotranspiração das folhas (caraterísticas do rebento), ou seja, os genótipos com sistemas radiculares mais longos têm mais área foliar e biomassa em condições de stress. É interessante notar que o TGMSP2-ME97 no cromossoma 2 controla a área foliar da bandeira e os dias até à maturidade, tal como demonstrado no presente estudo, que também controla a espessura da raiz basal (Zhang *et al.*, 2001), a biomassa do rebento e a espessura da raiz (Kamoshitha *et al.*, 2002) e a temperatura da copa das árvores (Babu *et al.*, 2003).

No presente estudo, as caraterísticas fenológicas, como os dias até à cabeça, a emergência da panícula e o arranque, foram mapeadas para a região RG104-EM119 no cromossoma 3, que demonstrou afetar muitas caraterísticas radiculares e outras, como a força de tração da raiz (Zhang *et al.*, 2001), os dias até à cabeça e os grãos por panícula (Babu *et al.*, 2003); os dias até à floração após o início do stress gradiente e o índice de colheita (Lanceras *et al.*, 2004) na mesma população de mapeamento em diferentes ambientes. A região RG104-RG348 na população de mapeamento IR64/Azucena demonstrou afetar os dias até à floração, os dias médios até à maturidade sob stress (Venuprasad *et al.*, 2002); o volume da raiz e o peso seco da raiz (Hemamalini *et al.*, 2000) e a duração da floração (Hittalmani *et al.*, 2002). Enquanto a região RG104-RG409A foi relatada como controladora da altura da planta, comprimento da panícula e número total de espiguetas por panícula (Zhuang *et al.*, 1997) na população de mapeamento Tesanai2/CB. Foi identificado um único QTL para o peso do grão sob stress na vizinhança de RG163-RG939, que se verificou afetar as caraterísticas do índice de raízes penetradas (Zhang *et al.*, 2001); rendimento do grão (Babu *et al.*, 2003) e número da panícula e número total de espiguetas (Lanceras *et al.*, 2004) na mesma população de mapeamento, e espessura das raízes penetradas (Zheng *et al.*, 2000) na população de mapeamento IR64/Azucena. No presente estudo, verificou-se que a região genómica RG476-RG620 controla a área da folha bandeira e a esterilidade das espiguetas sob stress hídrico. Outros relatórios mostraram que esta região controla muitas outras caraterísticas como o número total de espiguetas, número de panículas por colina (Lanceras et al., 2004); peso seco da raiz penetrada, índice de podridão penetrada e espessura da raiz basal (Zhang et al., 2001); raiz profunda por perfilho e espessura da raiz (Kamoshitha *et al.*, 2002); grãos por panícula, altura da planta, rendimento de grãos sob stress (Babu *et al.*, 2003) e número total de espiguetas, número de panículas e percentagem de esterilidade de espiguetas (Lanceras *et al.*, 2004) na mesma população de mapeamento. Esta região controla o comprimento e o peso do grão na população Labelle/Black Gora (Redona e Mackill, 1998), o número de panículas por planta, o peso de 1000 grãos, o peso do grão por planta, o número total de espiguetas por planta e a altura da planta na população Tesani2/CB (Lin *et al.*, 1996; Zhuang *et al.*, 1997).

Muitas das teorias sobre variação quantitativa em genética populacional baseiam-se no conceito de alelos múltiplos num locus (Kempthorne, 1957). É possível uma série de alelos em cada QTL com combinações poligénicas num determinado genótipo (Thompson 1975). Em certas regiões de QTL, os alelos favoráveis para diferentes caraterísticas provêm de diferentes progenitores. Os alelos favoráveis para a caraterística área foliar da bandeira sob controlo e em condições de stress, perto da região genómica CDO345-RZ909, provêm do CT9993, mas a mesma região também tem alelos favoráveis do IR62266, como os dias para a emergência da panícula e os dias para o arranque. É o mesmo caso para a região no cromossoma 2 perto de TGMSP2-ME97 que contribui com alelos favoráveis para a caraterística área da folha bandeira, que são do IR62266. É interessante notar que a mesma região tem alelos favoráveis para o número de dias até à maturidade sob stress, que são do progenitor tolerante CT9993.

Estas conclusões, juntamente com os resultados das correlações entre caraterísticas, sugerem que existem regiões genéticas específicas que controlam mais do que uma caraterística no arroz. Courtis et al. (2000) observaram que alguns dos QTLs para a taxa de crescimento relativo do arroz sob stress hídrico em condições de campo foram mapeados nas mesmas regiões que os QTLs para a morfologia radicular. A mesma localização de QTLs para diferentes caraterísticas deve estar associada a uma correlação dos dados fenotípicos, se houver pleiotropia ou ligação genética entre as caraterísticas (Paterson *et al.*, 1991). No presente estudo, várias caraterísticas morfológicas, fenológicas e relacionadas com a produção sob stress foram mapeadas para as mesmas regiões que controlam as caraterísticas relacionadas com as raízes na mesma população de mapeamento. Mais de 50% dos QTLs para evitar a seca no campo sobrepuseram-se aos QTLs para a morfologia radicular na população Co39/Moroberekan (McCouch e Doerge, 1995). Ray *et al.* (1996), Yadav *et al.* (1997) e Ali *et al.* (2000) registaram QTLs pleiotrópicos para muitas caraterísticas radiculares. Zhuang *et al.* (1997) registaram QTLs sobrepostos para componentes do rendimento e altura das plantas na população de mapeamento Tesanai2/CB. No presente estudo, os QTLs para caraterísticas fenológicas, com exceção de alguns, foram mapeados para regiões diferentes das relatadas anteriormente por Babu *et al.* (2003) na mesma população. Esses resultados mostram a sensibilidade dos QTLs para efeitos ambientais ou genéticos X ambientais na deteção de QTLs. A sensibilidade dos QTLs ao ambiente tem sido amplamente relatada (Paterson *et al.*, 1991; Zhuang *et al.*, 1997; Ali *et al.*, 2000; Babu *et al.*, 2003). No entanto, os QTL para diferentes caraterísticas mostraram diferentes estabilidades. Uma proporção substancial de QTLs para caraterísticas fenológicas e componentes de rendimento, por exemplo, esterilidade de espiguetas, foi mapeada para as mesmas regiões em todos os ambientes. Os QTLs identificados com maiores pontuações de LOD foram mapeados para as mesmas regiões em todos os ambientes. Portanto, o presente estudo tende a apoiar a conclusão geral feita por Tanksley (1993) de que uma proporção substancial dos principais QTLs será descoberta em diferentes ambientes. Os QTLs estáveis que se expressam em todos os meios ambientais serão muito úteis no desenvolvimento de linhas de melhoramento para a geração de linhas de arroz tolerantes à seca, através de experiências de introgressão utilizando MAS.

5.3 Análise da diversidade

A avaliação da diversidade genética é um pré-requisito para qualquer programa de melhoramento de plantas que envolva hibridação. A seleção de um progenitor dador é o passo crucial para o mapeamento e marcação de uma caraterística de interesse. No passado, isto era geralmente conseguido através da utilização de atributos fenotípicos, citogenéticos e bioquímicos, incluindo padrões de isozimas. No entanto, a avaliação exacta da diversidade genética através de marcadores moleculares depende do tipo de polimorfismo do ADN (variação do comprimento ou da sequência) detectado e da proporção do genoma coberta por esse sistema de marcadores. Muito poucos se baseiam na diversidade genética determinada estatisticamente para escolher os progenitores para o mapeamento de caraterísticas de herança complexa como a tolerância à seca e caraterísticas muito complexas como o rendimento sob stress de seca. Os que estão distantes são considerados geneticamente mais diversificados e escolhidos como progenitores para obter melhores recombinantes no melhoramento genealógico. Os marcadores baseados no ADN já provaram ser extremamente úteis para uma série de objectivos, entre os quais os SSR se revelaram mais eficientes do que os marcadores de primeira geração. Sendo o arroz o primeiro cereal totalmente sequenciado e estando disponível um maior número de ESTs na base de dados, estes servirão como boas fontes para desenvolver novos tipos de marcadores. Os marcadores EST-PCR são mais vantajosos do que outros sistemas de marcadores, uma vez que a variação detectada se encontra na porção expressa do genoma, o que permite associações perfeitas entre marcadores e caraterísticas. Estes marcadores são pouco dispendiosos em comparação com muitos outros marcadores e, uma vez desenvolvidos, podem ser utilizados numa série de espécies relacionadas.

No presente estudo, oitenta pares de primers de microssatélites e trinta e seis pares de primers de EST-PCR deram uma vasta gama de polimorfismo entre os dezassete genótipos de arroz. A percentagem de polimorfismo explicada pelos primers de microssatélites e pelos primers de EST-PCR foi de 86 e 36, respetivamente. O baixo nível de polimorfismo mostrado pelos marcadores EST-PCR foi atribuído ao facto de serem esperadas poucas alterações nas regiões de codificação. Os valores de similaridade em termos de distância genética variaram de 0,20 a 0,71 entre as linhas estudadas. A exatidão das estimativas de similaridade genética (GS) baseadas em marcadores moleculares depende do número de marcadores identificados e da sua distribuição no genoma, o que, por sua vez, afecta a informação fornecida por cada marcador (Messmer *et al.,* 1993). A análise da diversidade genética das dezassete linhas de arroz revelou que estas são separáveis em dois grandes grupos. No grupo indica, a linha N22B permaneceu mais divergente do que as outras. Anteriormente, a linhagem N22 foi identificada como mutante na acumulação de antocianinas, com um bom sistema radicular, melhor desempenho em condições de seca e considerada uma boa fonte de novos alelos (Reddy *et al.,* 1995). Os resultados actuais mostram que o N22 é uma fonte muito boa de novos alelos no subgrupo indica, que podem ser utilizados para o desenvolvimento de populações de mapeamento.

6. RESUMO

O presente estudo foi realizado com o único objetivo de saturação do mapa de uma população DHL e de identificação de QTLs que regem caraterísticas morfo-fenológicas e relacionadas com a produção em condições de stress hídrico no campo. Aproveitei também as bases de dados EST para desenvolver marcadores baseados em genes (marcadores EST-PCR) e utilizei-os para a análise da diversidade e a saturação do mapa. Os resultados e conclusões mais importantes são os seguintes:

Um subconjunto de 154 linhas DHL derivadas do cruzamento entre CT9993-5-10-1 e IR62266-42-6-2 e dezassete genótipos de arroz, incluindo os progenitores da população de mapeamento DHL, raças de terra e variedades lançadas, constituíram o material experimental. Cento e cinquenta e quatro linhas duplamente haplóides derivadas de um cruzamento entre CT9993-5-10-1 e IR62266-42-6-2 foram estudadas para identificar QTLs que controlam caraterísticas morfo-fenológicas e de rendimento em condições de stress hídrico no campo. A fim de saturar novos marcadores SSR e baseados em genes no mapa de ligação CT9993/IR62266 existente, foram utilizados dois tipos de marcadores, a saber, SSRs e marcadores EST-PCR, para selecionar os pais e identificar marcadores polimórficos. Dos 217 pares de marcadores SSR testados, 72 eram polimórficos, enquanto 3 dos 36 pares de marcadores EST-PCR eram polimórficos entre progenitores. Os marcadores polimórficos de microssatélites e EST-PCR foram analisados na população de mapeamento quanto ao seu padrão de segregação e 57 marcadores foram integrados no mapa de ligação. O mapa revisto incluía 340 marcadores com um comprimento de mapa de 1976,6 cM e 5,8 cM entre marcadores.

As linhas duplamente haplóides e os progenitores foram avaliados em relação a catorze caraterísticas morfo-fenológicas e de rendimento em condições de stress hídrico no campo e em condições de controlo no ICRISAT, Índia, durante a estação seca de 2001. No presente estudo, foi observado um elevado grau de correlação entre muitas caraterísticas. O mapeamento por intervalos e o mapeamento por intervalos compostos foram utilizados para detetar QTLs. Utilizando o mapeamento por intervalos, foi detectado um total de 98 QTLs, com um a dez QTLs para cada caraterística, explicando a variância fenotípica entre 6 e 19.2 Verificou-se que muitos QTLs estavam agrupados, indicando uma natureza pleiotrópica perto de seis regiões do genoma que controlam mais do que uma caraterística sob stress de seca no campo. A comparação dos QTLs identificados no presente estudo com os de outros na população de mapeamento CT9993/IR62266 levou à identificação de QTLs específicos do local para caraterísticas fenológicas e de rendimento sob stress de seca no campo. A descoberta mais importante do presente estudo é o mapeamento de QTLs para caraterísticas foliares, fenológicas e de rendimento sob stress hídrico nas mesmas regiões genómicas ou perto das regiões QTL para caraterísticas radiculares e de ajustamento osmótico.

A comparação de QTLs em diferentes populações de mapeamento levou à identificação de cinco regiões genómicas distintas que controlam caraterísticas morfo-fenológicas e relacionadas com a produção. Estas regiões podem conter genes que controlam a arquitetura da planta em diferentes variedades e ambientes, apoiando a conclusão geral feita por Tanksley (1993) de que uma proporção substancial dos principais genes ou QTLs será descoberta em diferentes ambientes. Neste estudo, os QTLs que afectam as caraterísticas das folhas caem nas regiões que controlam as caraterísticas das raízes. Isto demonstra que a medição da área foliar sob stress hídrico é uma alternativa que pode ser eficazmente utilizada em vez da amostragem destrutiva para medir caraterísticas relacionadas com as raízes de diferentes genótipos. Os marcadores moleculares estreitamente ligados a estes QTLs podem ser utilizados para selecionar variedades com melhor desempenho em condições de seca no terreno.

Os microssatélites (RM) e os primers EST PCR foram utilizados para avaliar a diversidade em linhas de arroz de elite selecionadas que diferem no grau de tolerância ao stress da seca. Pela primeira vez, demonstrámos a utilização de ESTs de arroz para o desenvolvimento de novos tipos de marcadores e a sua utilização na análise da diversidade do germoplasma de arroz. Dos 36 iniciadores EST PCR utilizados para estudar o polimorfismo, nove pares de iniciadores apresentam polimorfismo entre genótipos. Os pares de primers polimórficos entre as linhas parentais CT9993 e IR62266 foram utilizados para genotipar a população DHL e foram integrados no mapa de ligação. Um dos genes candidatos importantes nas vias de tolerância à seca, o DREB1A, foi mapeado no cromossoma 6 do mapa de ligação. Verificou-se uma diversidade genética substancial nos estudos de relação genética. O estudo contribuiu para a identificação da cultivar N22, com um sistema radicular longo e profundo e muitas outras caraterísticas de resistência à seca, como fonte de alelos novos e favoráveis no subgrupo indica, que poderão ser úteis no melhoramento de variedades de arroz tolerantes à seca. Os dados do presente trabalho demonstraram o potencial de utilização desta abordagem na avaliação da diversidade alélica em loci selecionados associados à tolerância à seca no arroz.

7. BIBLIOGRAFIA

Akagi, H., Yokozeki, Y., Inagaki, A., Nakamura, A. e Fujimura, T. (1996). Um marcador de ADN codominante estreitamente ligado ao gene restaurador nuclear do arroz, Rf-1, identificado com impressão digital inter-SSR. *Genoma* 39: 1205-1209.

Akkaya, M.S., Bhagwat, A.A. e Cregan, P.B. (1992). Polimorfismos de comprimento de DNA de repetição de sequência simples em soja. *Genetics* 132: 1131-1139.

Ali, M.L., Pathan, M.S., Zhang, J., Bai, G., Sarkarung, S. e Nguyen, H.T. (2000). Mapeamento de QTLs para caraterísticas de raiz numa população recombinante de dois ecótipos indica de arroz. *Theor Appl Genet.* 101:756-766.

Allard, R.W. (1960). Principles of Plant breeding. John Wiley and Sons, Inc. pp 150-166.

Austin, D.E. e Lee, M. (1996). Mapeamento comparativo em gerações F2:3 e F6:7 de loci de caraterísticas quantitativas para rendimento de grãos e componentes de rendimento em milho. *Theor. Appl. Genet.* 92: 817-826.

Babu, R.C., Nguyen, B.D., Chamarerk, V., Shanmugasundaram, P., Chezhian, P., Jeyaprakash, P., Ganesh, S. K., Palchamy, A., Sadasivam, S., Sarkarung, S., Wade, L. J., e Nguyen, H.T. (2003). Genetic Analysis of Drought Resistance in Rice by Molecular Markers:Association between Secondary Traits and Field Performance. *Crop Sci.* 43:1457-1469.

Basten, C. J., Weir, B. S., e Zeng, Z. B., (2003). QTL Cartographer Version 2.0: A Reference Manual and Tutorial for QTL Mapping. http://www.statgen.ncsu.edu/qtlcart.

Beckman, J.S e Soller, M. (1986). Restriction fragment length polymorphism and genetic improvement of agricultural species (Polimorfismo de fragmentos de restrição e melhoramento genético de espécies agrícolas). *Euphytica* 35: 111-124.

Bell, C.J e Ecker, J.R. (1994). Assignment of 30 microsatellite loci to the linkage map of Arabidopsis. *Genómica* 19: 137-144.

Bhattramakki, D., Dolan, M., Hanafey, M., Wineland, R., Vaskel, D., Register III, J.C., Tingey, S.V. e Rafalski, A. (2002). Os polimorfismos de inserção-deleção nas regiões 3_ dos genes do milho ocorrem frequentemente e podem ser utilizados como marcadores genéticos altamente informativos. *Plant Molecular Biology* 48: 539-547.

Blum, A., Mayer, J., Golan, G., e Sinmena, B. (1999). Tolerância à seca de uma população de linhas duplas haplóides de arroz no campo. (In. Genetic Improvement of rice for water limited environments, c1999 (SB 207 M6 G953 1999).

Bonierbale, M.W, Plaisted, R.L e Tanksley, S.D. (1988). Os mapas RFLP baseados num conjunto comum de clones revelam modos de evolução cromossómica na batata e no tomate. *Genetics* 120: 1095-1103.

Botstein, D., White, R.L., Skolnick, M., e Davis, R.W. (1980). Construção de um mapa de ligação genética no homem utilizando polimorfismos de comprimento de fragmentos de restrição. *Am. J. Hum. Genet.* 32: 314-333.

Boyer. J.S. (1982). Produtividade das plantas e ambiente. *Ciência* 218: 443-448.

Breto, M.P., Asins, M.J., e Carbonell, E.A. (1994). Tolerância ao sal em espécies de Lycopersicon, III. Deteção de loci de caraterísticas quantitativas por meio de marcadores moleculares. *Theor. Appl. Genet.* 88:395-401.

Bretting, P.K, e Widrlechner, M.P. (1995). Genetic markers and plant genetic resource management (Marcadores genéticos e gestão dos recursos genéticos vegetais). *Plant Breed Rev.* 13 : 11-86.

Brown, S. M., Hopkins, M. S., Mitchell, S. E., Senior, M. L., Wang, T. Y., Duncan, R. R., Gonzalez-Candelas, F. e Kresovich, S. (1996). Métodos múltiplos para a identificação de repetições polimórficas de sequências simples (SSRs) em sorgo [*Sorghum bicolor* (L.) Moench]. *Theor. Appl. Genet. 93:* 190 - 198

Burr, B. e Burr, F.A. (1991). Variedades recombinantes para mapeamento molecular em milho. *Trends in Genetics* 7: 55-60.

Cato, S. A, Gardner. R.C, Kent. J., e Richardson. T. E (2001). Um método rápido baseado em PCR para mapear geneticamente ESTs. *Theor. Appl. Genet.* 102:296-306.

Champoux, M.C., Wang, G., Sarkarung, S., MacKill, D.J., O'Toole, J.C., Huang, N., e McCouch, S.R. (1995). Localização de genes associados à morfologia da raiz e à prevenção da seca no arroz através da ligação a marcadores moleculares. *Theor. Appl. Genet.* 90: 969-981.

Chen, X., Temykh, S., Xu, Y., Cho, Y.G., e McCouch, S.R. (1997). Desenvolvimento de um mapa de estrutura de microssatélites que proporciona uma cobertura alargada do genoma do arroz (*Oryza sativa* L.). *Theor. Appl. Genet.* 95: 553-567.

Cheng C., Bowman, AW., Lander, E.S. e Meyerowitz, E.W. (1988). Mapa de ligação de polimorfismo de comprimento de restrição de Arabidopsis thaliana. *Proc. Natl. Acad. Sci. USA* 88: 98289832.

Cho, S., Sharp, P.J., Worland, A.J., Warham, E.J., Koebner, R.M.D. e Gale, M.D. (1989). Mapas genéticos baseados em RFLP dos cromossomas homólogos do grupo 7 do trigo. *Theor. Appl. Genet.* 78: 495-504.

Cho, Y.G., McCouch, S.R., Jiper, M., Kaag, M.R., Pot, J., Grocren, J.J.M., e Eun.M.Y (1998). Mapa integrado de marcadores AFLP, SSLP e RFLP utilizando uma população recombinante de arroz (*Oryza sativa* L.). *Theor. Appl. Genet.* 97: 370-380.

Churchill, G.A. e Doerge, R.W. (1994). Empirical threshold values for quantitative trait mapping. *Genetics* 138:963-971.

Condit, R. e Hubbel, S.P. (1991). Abundância e sequência de DNA de regiões de repetição de 2 bases em genomas de árvores tropicais. *Genoma* 34: 66-71.

Cooke, R., Raynal, M., Laudie, M., Grellet, F., Delseny, M., Morris, P., Guerrier, D., Giraudat, J., Quigley, F., Clabault, G. (1996). Novos progressos no sentido de um catálogo de todos os genes *de Arabidopsis*: Análise de um conjunto de 5000 ESTs não redundantes. *Plant J.* 9: 101-124.

Courtois, B., McLaren, G., Sinha, P.K., Prasad, K., Yadav, R., e Shen, L. (2000). Mapeamento de QTL associado à prevenção da seca em arroz de terras altas. *Mol. Breed. 6:55-66.*

Cronn,R., Brothers, M., Klier, K., Bretting, P.K., e Wendel, J.F. (1997). Allozyme variation in domesticated annual sunflower and its wild relatives. *Theor. Appl. Genet.* 95: 532-545.

Dallas, J.F. (1988). Deteção de "impressões digitais" de ADN de arroz cultivado por hibridação com uma sonda de minissatélite humano. *Proc. Natl. Acad. Sci. USA.* 85: 6831-6835.

Davis, G.L., McMullen, M.D., Baysdorfer, C., Musket, T., Grant, D., Staebell, M., Xu, G., Polacco, M., Koster, L., Melia-Hancock, S., Houchins, K., Chao, S., Coe, E.H. (1999). Um padrão de mapa de milho com marcadores centrais sequenciados, pontos de referência do genoma de gramíneas e 932 ESTs de sítios marcados com sequências expressas num mapa de 1.736 locos. *Genetics* 152:1137-1172.

De Jong, W., Forsyth, A., Leister, D., Gebhardt, C., e Baulcombe, D.C. (1997). Um gene de resistência hipersensível da batata contra o vírus X da batata é mapeado para um grupo de genes de resistência no cromossoma 5. *Theor. Appl. Genet.* 95: 246-252.

Dean, R.E., Dahlberg, J.A., Hopkins, M.S., Mitchell, S.E., e Kresovich, S. (1999). Redundância genética e diversidade entre acessos de 'Orange' na coleção nacional de sorgo dos EUA, avaliadas com marcadores de repetição de sequência simples (SSR). *Crop Sci.* 39: 12151221.

Depeiges, A., Goubely, C., Lenior, A., Cocherel, S., Picard, G., Raynal, M., Grellet, F. e Delseny, M. (1995). Identificação dos motivos repetidos mais representados em loci de microssatélites de Arabidopsis thaliana. *Theor. Appl. Genet.* 91: 160-168.

Dey, M.M., e Upadhyaya, H.K. (1996). Yield loss due to drought, cold, and submergence in Asia (Perda de rendimento devido a seca, frio e submersão na Ásia). *Em* Rice research in Asia, progress and priorities. *Editado por* R.E. Evenson, R.W. Herdt, e M. Hossain. Oxford University Press, Cary, N.C. pp. 231-242.

Dudley J.W. (1987). Modificação dos métodos de identificação de populações a utilizar para melhorar os progenitores de cruzamentos individuais de elite. *Crop Sci.* 27:940-943.

Edwards, M.D., Stuber, C.W. e Wendel, J.F. (1987). Investigação facilitada por marcadores moleculares de loci de caraterísticas quantitativas no milho. I. Números, distribuição genómica e tipos de ação génica. *Genetics* 116: 113-125.

Epple, P., Apel, K. e Bohlmann, H. (1997). ESTs revelam uma família multigénica para defensinas vegetais em Arabidopsis thaliana. *FEBSLett* 400:168-172.

Evenson, R.E., Herdt, R.W, e hossain, M. (1996). Rice research in Asia: progress and priorities. CAB International, Wallingford, Reino Unido.

Fischer, R.A., e Maurer, R. (1978). Tolerância à seca em cultivares de trigo de primavera. I. Respostas de rendimento de grãos. *Aust. J. Agric. Res.* 29:897-912.

Fukai, S., e Cooper. M. (1995). Desenvolvimento de cultivares resistentes à seca usando caraterísticas fisio-morfológicas em arroz. *Field Crops Res.* 40:67-86.

Garland, S.H., Lewin, L., Abedinia, M., Henry, R., e Blakeney, A., (1999). The use of microsatellite polymorphisms for the identification of Australian breeding lines of rice (*Oryza sativa* L.). *Euphytica* 108: 53-63.

Gebhardt, C., Ritter, E., Debene, T., Schachtschabel, U., Walkemeier, B., Uhrig, H., Salamini, F. (1989). Análise de RFLP e mapeamento de ligação em *Solanum tuberosum*. *Theor Appl Genet.* 78: 65-75

Geldermann, H. (1975). Investigações sobre a hereditariedade de caracteres quantitativos em animais através de marcadores genéticos. I. Métodos. *Theor Appl. Genet.* 46: 319-330.

Gerloff J.E. e Smith O.S. (1988). Escolha do método de identificação de germoplasma com alelos superiores. I. Resultados teóricos. *Theor. Appl. Genet.* 76:209-216.

Godwin, I.D., Aitken, E.A.B. e Smith, L.W. (1997). Application of inter simple sequence repeat (ISSR) markers to plant genetics. *Electrophoresis* 18: 1524-1528.

Gupta, M., Chyi, Y.S., Romero-severson, J. e Owen, J.L. (1994). Amplificação de marcadores de ADN de genomas evolutivamente diversos utilizando iniciadores simples de repetições de sequências simples. *Theor. Appl. Genet.* 89: 998-1006.

Hallauer, A. R. e Miranda, J.B. (1988). Quantitative genetics in maize breeding (Genética quantitativa no melhoramento do milho). Iowa State University Press, Ames, Iowa.

Hanson, A.D., Peacock, W.J., Evans, L.T., Arntzen, C.J., e Khush, G.S. (1990). Drought resistance in rice (Resistência à seca no arroz). *Nature* 345:26-27.

Harry, D.E., Temesgen, B. e Neale, D.B. (1998). Marcadores codominantes baseados em PCR para Pinus taeda desenvolvidos a partir de clones de cDNA mapeados. *Theor. Appl. Genet.* 97: 327-336.

Harushima Y, et al (1998). Um mapa de ligação genética de arroz de alta densidade com 2275 marcadores utilizando uma única população F2. *Genetics* 148:479-494.

Hayes, P.M., Liu, B.H., Knapp, S.J., Chen, F., Jones, B., Blake, T., Franckowiak, J., Rasmusson, D., Sorrells, M., Ullrich, S.E., Wesenberg, D. e Kleinhofs, A. (1993). Quantitative trait locus effects and environmental interaction in a sample of North American barely germplasm. *Theor. Appl. Genet.* 87: 392-401.

Helentjaris T. (1987). Um mapa de ligação genética para o milho baseado em RFLPs. *Theor Appl Genet.* 3: 217-221.

Helentjaris, T., Solcum, M., Wright, S., Schaefer, A. e Nienhuis, J. (1986). Construção de mapas de ligação genética em milho e tomate usando polimorfismo de comprimento de fragmentos de restrição. *Theor. Appl. Genet.* 72: 761-769.

Hemamalini, G.S., Shashidhar, H.E. e Hittalmani, S. (2000). Marcação assistida por marcadores moleculares de caraterísticas morfológicas e fisiológicas em dois regimes de humidade contrastantes no pico da fase vegetativa do arroz (*Oryza sativa* L.). *Euphytica* 112: 69-78.

Heun, M., Kennedy, A.E., Anderson, J.A., Lapitan, N.L.V., Sorrells, M.E., e Tanksley, S.D. (1991). Construção de um mapa de polimorfismo de comprimento de fragmentos de restrição para cevada (*Hordeum vulgare*). *Genome* 34: 437-447.

Hittalmani, S., Huang, N., Courtis, B., Venuprasad, R., Shashidhar, H.E., Zhuang, J.Y., Zheng, K.L., Liu, G.F., Wang, G.C., Sidhu, J.S., et al., (2003). Identificação de QTL para caraterísticas relacionadas com o crescimento e rendimento de grãos em arroz em nove locais na Ásia. *Theor. Appl. Genet.* 107: 679-690.

Hittalmani, S., Shashidhar, H.E., Bagali, P.G., Huang, N., Sidhu, J.S., Singh, V.P. e Khush, G.S. (2002). Mapeamento molecular de loci de caraterísticas quantitativas para o crescimento das plantas, rendimento e caraterísticas relacionadas com o rendimento em três locais diferentes numa população de arroz duplo haploide. *Euphytica* 125: 207-214.

Hulbert, S.H., Richter, T.E., Axtell, J.D. e Bennetzen, J.L. (1990). Mapeamento genético e caraterização de sorgo e culturas afins por meio de sondas de DNA de milho. *Proc. Natl. Acid. Sci.*

USA. 87: 4251-4255.

Jeffreys, A.J., Wilson, V. e Thein, S.L. (1985a). Regiões hipervariáveis de minissatélites no ADN humano. *Nature* 314: 67-73.

Jeffreys, A.J., Wilson, V. e Thein, S.L. (1985b). Individual specific 'fingerprints' of human DNA. *Nature* 316 : 76-79.

Johansson, M,, Ellegren, H, e Andersson, L. (1992). Clonagem e caraterização de microssatélites suínos altamente polimórficos. *J of Heredity* 83 : 196-198.

Kamoshita, A., Zhang, J., Siopongco, J., Sarkarung, S., Nguyen, H.T., e Wade, L.J. (2002). Efeitos do ambiente de fenotipagem na identificação de QTL para a morfologia da raiz do arroz em condições anaeróbicas. *Crop Sci.* 42:255-265.

Kanbar, A., Shashidhar, H.E., e Hittalmani, S. (2002). Mapeamento de QTL associado a caraterísticas de raiz e afins na população DH de arroz (*Oryza sativa* L.). *Indian J. Genet.* 62: 287290.

Kantety, R., Zeng, X., Bennetzen, J. e Zehr, B.E. (1995). Avaliação da diversidade genética em linhagens endogâmicas de milho-pipoca (Zea mays L.) utilizando amplificação de repetição de sequência inter-simples (ISSR). *Mol Breed.* 1: 365-373.

Keim, P., Diers, B.W., Olson, T.C. e Shoemaker, R.C. (1990). RFLP mapping in Soybean: association between marker loci and variation in quantitative traits. *Genetics* 126: 735-742.

Kempthorne, O. (1957). An introduction to genetic statistics, Iowa State University Press, Aman, IA, PP 318-325.

Kesseli, R.V., Paran, I., e Michelmore, R. W. (1994). Análise do mapa genético detalhado de Lactuca sativa (alface) construído a partir de marcadores RFLP e RAPD. *Genetics* 136: 1435-1446.

Khush, G.S., Singh, K., Ishii, T., Parco, A., Huang, N., Brar, D.S., e Multani, D.S. (1996). Mapeamento do centrómero e orientação dos mapas de ligação citológicos, clássicos e moleculares do arroz. Rice Genetics III. IRRI, Manila, Filipinas. Actas do Terceiro Simpósio Internacional de Genética do Arroz, editado por G S Khush, pp57-75

Khush, G.S. (1997). Origem, dispersão, cultivo e variação do arroz. *Plant Mol. Bio.* 35: 25-34.

Kjaer, B. e Jensen, J. (1996). Quantitative trait loci for grain yield and yield components in a cross between six rowed barley. *Euphytica* 90:39-48.

Knapp, S.J. (1991). Utilização de marcadores moleculares para mapear múltiplos loci de caraterísticas quantitativas: Models for backcross, recombinant inbred lines, and doubled haploid progeny. *Theor. Appl. Genet.* 81: 333-338.

Kosambi D. D. (1944). A estimativa da distância do mapa a partir dos valores de recombinação. *Ann Eugen* 12: 172-175.

Kota, R., Rudd, S., Facius, A., Kolesov, G., Thiel, T., Zhang, H., Stein, N., Mayer, K e Graner, A. (2003). Polimorfismos de snipping de grandes colecções de ESTs em cevada (*Hordeum vulgare L.). Mol. Gen Genomics* 270: 24-33.

Kramer.P.J., (1980). Drought stress and the origin of adapatation. In adaptation of plants to water and high temperature stress (N.C. Turner and P.J. Kramer, eds.) 7-20. John Wiley, Nova Iorque.

Kresovich, S. e McFerson, J.R. (1992). Avaliação e gestão da diversidade genética vegetal: conservação da variação intra e interespecífica. *Field Crops Res.* 29:185-204.

Kurata, N., Umehara, Y., Tanoue, H. e Sasaki, T. (1999). Mapeamento físico do genoma do arroz com clones YAC. *PlantMolBiol* 35:101-113.

Lanceras, J.C., Pantuwan, G., Jongdee, B., e Toojinda, T. (2004). Quantitative trait loci associado à tolerância à seca na fase reprodutiva do arroz. *Plant Physiology* 135: 384399.

Lander E.S., Green, P., Abrahmson, J., Barloe, A., Daly, M.J., Lincoln, S.E. e Newburg, L. (1987). MAPMAKER: um pacote informático interativo para a construção de mapas de ligação primária de populações experimentais e naturais. *Genomics* 1: 174-181.

Lander, E., e Botstein, D. (1989). Mapeamento de factores mendelianos subjacentes a caraterísticas quantitativas utilizando mapas de ligação RFLP. *Genetics* 121: 185-199.

Landry, B.S., Kesseli, R.V., Farrara, B. c Michclmorc, R.W. (1987). A genetic map of lettuce (*Lactuca sativa* L.) with restriction fragment length polymorphism, isozyme, disease resistance, and morphological markers. *Genetics* 116:331-337.

Langercrantz, U., Ellegren, H. e Anderson, L. (1993). A abundância de vários motivos de polimorfismo de microssatélites difere entre plantas e vertebrados. *Nucl. Acids. Res.* 21: 1455-1460.

Lebreton, C., Lazic-Jancic, V., Steed, A., Pekic, S. e Quarrie, S.A. (1995). Identificação de QTLs para resposta à seca no teste de relações causais entre caraterísticas. *Journal of Exptl. Botany* 46: 853-865.

Li, Z., Pinson, S.R.M., Stansel, J.W. e Park, W.B. (1995). Identificação de loci de traços quantitativos (QTLs) para a data de colheita e altura da planta em arroz cultivado (*Oryza sativa* L.). Theor Appl. Genet. 91: 374-381.

Lilley, J.M., Ludlow, M.M., McCouch, S.R., e O'Toole. J.C. (1996). Localização de QTLs para ajustamento osmótico e tolerância à desidratação em arroz. *J. Exp. Bot.* 47: 1427-1436.

Lin, H.X., Qian, H.R., Zhuang, J.Y., Lu, J., Min, S.K., Xiaong, Z.M., Huang, N. e Zheng, K.L. (1996). Mapeamento RFLP de QTLs para rendimento e caracteres relacionados em arroz (*Oryza sativa* L.). *Theor Appl. Genet.* 92: 920-927.

Lincoln, S., e Lander, E. (1992): Systematic Detection of Errors in Genetic Linkage Data (Deteção sistemática de erros em dados de ligação genética). *Genómica* 14: 604-610.

Lincoln, S., Daly, M., e Lander, E. (1992): Constructing Genetic Maps with MAPMAKER/EXP 3.0. Relatório técnico do Instituto Whitehead. 3ª edição.

Lincoln, S., Daly, M., e Lander, E. (1992): Mapeamento de genes que controlam caraterísticas quantitativas com MAPMAKER/QTL 1.1. Relatório técnico do Whitehead Institute. 2ª edição.

Lincoln, S.E., Daly, M.J. e Lander, E.S (1993). Mapping genes controlling quantitative traits using MapMaker/QTL version 1.1: a tutorial and reference manual. Relatório técnico do Whitehead Institute for Biomedical Research (2ª ed.). Whitehead Institute, Cambridge, Massachusetts.

Litt, M. e Luty, J. A. (1989). Um microssatélite hipervariável revelado pela amplificação in vitro de uma repetição de dinucleótidos no gene da actina do músculo cardíaco. *American Journal of Human Genetics* 4: 397-401.

Lu, C., Shen, L., Tan, Z., Xu, Y., He, P., Chen, Y. e Zhu, L. (1997). Mapeamento comparativo de QTLs para caraterísticas agronómicas do arroz em vários ambientes, utilizando uma população de haplóides duplos. *Theor. Appl. Genet.* 93: 1211-1217.

Mackill, D.J., Zhang, Z., Redpma. E.D., Cp;pwot, P.M. (1996). Nível de polimorfismo e mapeamento genético de marcadores AFLP em arroz. *Genoma* 39: 969-977.

Maestri, E., Malcevschi, A., Massari, A., e Marmiroli, N. (2002). Análise genómica da cevada cultivada (Hordeum vulgare) utilizando marcadores moleculares marcados com sequências. Estimativas de divergência baseadas em marcadores RFLP e PCR derivados de genes que respondem ao stress e repetições de sequência simples (SSRs). *Mol. Gen. Genomics.* 267:186-201.

Martin, G.B., Williams, J.G.K. e Tanksley, S.D. (1991). Identificação rápida de marcadores ligados a um gene de resistência a Pseudomonas no tomateiro, utilizando iniciadores aleatórios e linhas quase isogénicas. *Proc. Natl. Acad. Sci. USA.* 88. 2336-2340.

Martin, G.B., Nienhuis, J., King, G., e Schaefer, A. (1989). Restriction fragment length polymorphisms associated with water use efficiency in tomato. *Science* 243: 1725-1728.

Maughan, P.J., Maroof, M.A.S., Buss, G.R., e Huestis, G.M. (1996). Amplified fragment lengh polymorphism (AFLP) in soybean: species diversity, inheritance and near isogenic line analysis. *Theor. Appl. Genet.* 93: 392-401.

McCouch, S.R., Cho, Y.G., Yano, M., Paul, E., Blinstrub, M., Morishima, H. e Kinoshita, T. (1997). Relatório sobre a nomenclatura de QTLs. Boletim Informativo sobre Genética do Arroz 14: 11

McCouch, S.R e Doerge, R.W. (1995). Mapeamento de QTLs em arroz. *Trends Genet.* 11,482-487.

McCouch, S.R, Kochert, G, Yu, Z.H., Wang, Z.Y., Khush, G.S., Coffman, W.R e Tanksley, S.D. (1988). Mapeamento molecular do cromossoma do arroz. *Theor. Appl. Genet.* 76: 815-829.

Messmer, M..M., Melchinger, A.E., Herrmann, R.G. e Boppenmaier, J. (1993). Relação entre as primeiras linhagens de milho europeias: II. Comparação de dados de pedigree e RFLP. *Crop Sci.* 33: 944-950.

Mienie, C.M.S., Smit, M.A., Cobos, S., e Torres, A.M. (1995). Usando RAPDs para estudar relações filogenéticas em Rosa. *Theor. Appl. Genet.* 92: 273-277.

Mohan, M., Sathyanarayanan. P.V., Kumar, A., Srivastava, M.N, e Nair, S. (1997). Mapeamento molecular de um marcador específico de resistência baseado em PCR ligado a um gene de resistência ao mosquito da galha (*Gm4t*) em arroz. *Theor. Appl. Genet.* 95:777-782.

Morgante, M. e Olivieri, A.M. (1993). Abundância, variabilidade e localização cromossómica de microssatélites no trigo. *Mol. Gen. Genet.* 246: 327-333.

Mullis, K.B e Faloona, F.A. (1987). Síntese específica de ADN in vitro: Uma reação em cadeia catalisada pela polimerase. *Methods Enzymol.* 155: 335-351.

Murray, M.G. e W.F. Thompson. 1980. Isolamento rápido de ADN de elevado peso molecular. *Nucleic Acids Res.* 8:4321-4325.

Nair, S., Bentur, J.S., Prasad Rao, U., e Mohan, M. (1995). Os marcadores de ADN fortemente ligados a um gene de resistência ao mosquito da galha (Gm2) são potencialmente úteis para a seleção assistida por marcadores no melhoramento do arroz. *Theor. Appl. Genet.* 91:68-73.

Nair, S., Kumar, A., Srivastava, M.N., e Mohan, M. (1996). Os marcadores baseados em PCR ligados a um gene de resistência ao mosquito da galha, Gm4, têm potencial para a seleção assistida por marcadores no arroz. *Theor. Appl. Genet.* 92: 660-665.

Nakamura, Y., Leppert, M., Connell, P., Wolf, R., Holm, T., Culver, M., Martin, C., Fujimoti, E., Hoff, M., Kumalin, E. e White, R. (1987). Marcadores de número variável de repetições em tandem (VNTR) para mapeamento de genes humanos. Science. (Washington, D.C.) 235: 1616-1622.

Nam, H.G., Giraudat, J., Denboer, B., Moonan, F., Loos, W.D., Huge, B.M e Goodman, H.M. (1989). Mapa de ligação de polimorfismo de comprimento de restrição de Arabidopsis thaliana. *Plant Cell* 1: 699-705.

Nandi, S., Subudhi, P.K., Senadhera, D., Manigbas, N.L., Sen-Mandi, S., e Huang, N. (1997). Mapeamento de QTLs para tolerância à submersão em arroz por análise AFLP e genotipagem selectiva. *Mol. Gen. Genet.* 255: 1-8.

Nguyen, T. T. T., Klueva, N., Chamareck, V., Aarti, A., Magpantay, G., Millena, A. C. M., Pathan, M. S., e Nguyen, H.T. (2004). Mapeamento de saturação de regiões QTL e identificação de genes candidatos putativos para tolerância à seca em arroz. *Mol. Gen. Genet.* 272: 35-46.

Nguyen, H.T., Babu, R.C. and Blum, A. (1997) Breeding for drought resistance in rice: physiology and molecular genetics consideration. *Crop Sci* 37:1426-1434.

Nguyen, V. T., Nguyen, B.D., Sarkarung, S., Martinez, C., Paterson, A.H., e Nguyen, H.T. (2002). Mapeamento de genes que controlam a tolerância ao alumínio no arroz: comparação de diferentes origens genéticas. *Mol. Gen. Genet.* 267: 772-780.

Ni, J., Colowit, P.M., e Mackill, D.J. (2002). Evaluation of Genetic Diversity in Rice Subspecies Using Microsatellite Markers (Avaliação da Diversidade Genética em Subespécies de Arroz Utilizando Marcadores de Microssatélites). *Crop Sci.* 42:601-607

O'Toole, J.C (1989). Melhoramento genético para tolerância à seca em cereais: tecnologias emergentes. In: Baker FWG (ed) Drought resistance in cereals. CAB Internatinal, Wallingford, Reino Unido, PP 81-94

O'Toole, J.C. (1982). Adaptação do arroz a ambientes propensos à seca. In: Drought resistance in crops with emphasis on rice. IRRI, Los Banos, Filipinas, pp 195-213.

O'Toole, J.C. e Bland, W.L. (1987). Variação genotípica em sistemas radiculares de plantas cultivadas. *Adv. Agron.* 41: 91-145.

Oziel, A., Hayes, P.M., Chen, F.Q. e Jones, B. (1996). Aplicação do mapeamento de locus de caraterísticas quantitativas ao desenvolvimento de cevada para malte de hábito invernal. *Plant Breeding* 115: 4351.

Panaud, O., Chen, X. e McCouch, S.R. (1995). Frequência de sequências de microssatélites em arroz (*Oryza sativa* L.). *Genoma* 38: 1170-1176.

Panaud, O., Chen, X. e McCouch, S. R. (1996). Desenvolvimento de marcadores de microssatélites e caraterização do polimorfismo de comprimento de sequência simples (SSLP) em arroz (*Oryza sativa* L.). *Mol. Gen. Genet.* 252: 597-607

Paran, I. e Michelmore, R,W. (1993). Desenvolvimento de marcadores fiáveis baseados em PCR ligados a genes de resistência ao míldio em alface. *Theor. Appl. Genet.* 85: 985-993.

Paran, I., Kesseli, R. e Michelmore, R. (1991). Identificação de marcadores RFLP e RAPD ligados a genes de resistência ao míldio em alface utilizando linhas quase isogénicas. *Genome.* 34: 1021-1027.

Parsons, B.J, Newbury, H.J, Jackson, M.T e Ford-Lloyd, M.V. (1997). A relação de diversidade genética contrastante é revelada no arroz (*Oryza sativa* L) utilizando diferentes tipos de marcadores. *Molecular Breeding* 3: 115-125.

Paterson, A.H., Deverna, J.W., Lanini, B. e Tanksley, S.D. (1990). Mapeamento fino de loci de caraterísticas quantitativas utilizando cromossomas recombinantes sobrepostos selecionados, num cruzamento interespécies de tomate. *Genetics* 124: 735-742.

Paterson, A.H., Damon, S., Hewitt, J.D., Zamir, D., Rabinowitch, H.D., Lincoln, S.E., Lander, E.S., e Tanksley, S.D. (1991). Factores mendelianos subjacentes a caraterísticas quantitativas no tomate: comparação entre espécies, gerações e ambientes. *Genetics* 127:181197.

Paterson, A.H, Lander, E.S, Hewitt, J.D, Paterson, S., Lincon, S.E. e Tanksley, S.D. (1988). Resolução de caraterísticas quantitativas em factores mendelianos através da utilização de um mapa de ligação completo de polimorfismo de comprimento de fragmentos de restrição. *Nature.* 335: 721-726.

Picoult-Newberg, L., Ideker, T.E., Pohl, M.G., Taylor, S.L., Donaldson, M.A., Nickerson, D.A. e Boyce-Jacino, M. (1999). Exploração de SNPs a partir de bases de dados EST. *Genome Research* 9:164-174.

Pinstrup-Anderson, P., Pandya-Lorch, R. e Rosegrant, W. (1996) The world food situation: recent developments, emerging issues and long term prospects, 2020 Vision Food Policy Report, International Food Policy research Institute, Washington, D.C., p36.

Pradeep, R.M., Sarla, N., Laxminarayana, V. R. e Siddiq, E.A. (2005). Identificação e mapeamento de QTLs relacionados com o rendimento e o rendimento de um acesso indiano de Oryza rufipogon. *BMC Genetics*, 6:33 doi:10.1186/1471-2156-6-33.

Price, A. H. e Tomos, A.D. (1997). Dissecção genética do crescimento radicular em arroz (*Oryza sativa* L.) II: mapeamento de loci de caraterísticas quantitativas usando marcadores moleculares. *Theor. Appl. Genet.* 95: 143-152.

Qi, X., Nikes, R.E., Stam, P., e Lindout, P. (1998). Identificação de QTLs para resistência parcial à ferrugem da folha (Puccinia horsei) em cevada. *Theor. Appl. Genet.* 96: 1205-1215.

Quagliaro, G.M., Vischr, M., Tyrka, M. e Olivieri, A.M (2001) Identification of wild and cultivated sunflower for breeding purposes by AFLP markers. *J Hered* 92: 38-42.

Quarrie, S. A., Laurie, D.A., Zhu, J., Lebreton, C., Semikhodskii, A., Steed, A., Witsenboer, H., e Calestani. C. (1997). Análise de QTL para estudar a associação entre o tamanho da folha e a acumulação de ácido abscísico em folhas de arroz secas e comparações entre cereais. *Plant Mol. Bio.* 35: 155-165.

Quarrie, S., Lebreton, C., Gulli, M., Calestani, C., e Marmiroli, N (1994). Análise QTL da produção de ABA em trigo e milho e caraterísticas fisiológicas associadas. *Russ J. Plant Phys* 41: 565-571.

Rafalski, A. (2002). Applications of single nucleotide polymorphisms in crop genetics. *Curr Opin Plant Biol,* 5:94-100.

Ramakrishna, W., Chowdari, K.V., Lagu, M.D., Gupta, V.S. e Ranjekar, P.K. (1995). DNA fingerprinting to detect genetic variation in rice using hypervariable DNA sequences. *Theor. Appl. Genet.* 88: 402-406.

Ray, J. D., Yu, L., McCouch, S. R., Champoux, M. C., Wang, G., Nguyen. H. T. (1996). Mapeamento de loci de caraterísticas quantitativas associados à capacidade de penetração de raízes em arroz (*Oryza sativa* L.). *Theor. Appl. Genet.* 92: 627 - 636.

Reddy, A.R., Ramakrishna, W., Sekhar, A. C., Nagabhushan, I., Babu, P.R., Bonaldo, M.F., Soares, M.B., e Bennetzen, J.L., (2002). Novos genes são enriquecidos em bibliotecas de cDNA normalizadas de plântulas de arroz (*Oryza sativa* L.subsp. indica cv. Nagina 22) submetidas à seca. *Genoma* 45: 204 - 211.

Reddy, V.S., Dash, S. e Reddy, A.R. (1995). Anthocyanin pathway in rice (*Oryza sativa* L): identification of a mutant showing dominat inhibition of anthocyanins in leaf and accumulation of proanthocyanidins in pericarp. Theor Appl Genet 91:301-312.

Redona, E.D. e Mackill, D.J. (1998).Quantitative trait locus analysis for rice panicle and grain characteristics. *Theor. Appl. Genet.* 96: 957-963.

Reiter, R.S., Williams, J., Feldmann, K.A., Rafalski, J.A., Tingey, S.V. e Scolink, P.A. (1992). Mapeamento global e local do genoma de Arabidopsis thaliana utilizando linhas puras recombinantes e DNAs polimórficos amplificados aleatoriamente. *Proc. Natl. Acad. Sci.* 89: 14771481.

Ribaut, J.M., Hoisington, D.A., Deutsch, J.A., Jiang, C., e Gonzalez-de-Leon, D. (1996). Identificação de loci de caraterísticas quantitativas em condições de seca no milho tropical.1. Parâmetros de floração e intervalo antahesis-silking. Theor. Appl. Genet. 92: 905-914.

Ribaut, J.M., Jiang, C., Gonzalez-de-Leon, D., Edmeades, G.O., e Hoisington, D.A. (1997). Identificação de loci de caraterísticas quantitativas em condições de seca no milho tropical. 2. Componentes de rendimento e estratégias de seleção assistida por marcadores. *Theor. Appl. Genet.* 94: 887896.

Roder, M.S., Plaschke, J., Konig, S.U, Borner, A., Sorrells, M.E., Tanksley, S.D. e Ganal, M.W.

(1995). Marcadores de microssatélites amplificados por PCR em genética de plantas. *Plant J.* 3: 175-182.

Rohlf, F.L. (1993). NTSYSpc. Numerical taxonony and multivariate analysis system version 2.0 State University of New York, Exeter software Setauket, New York

Rozen e Skaletsky, (1998). Primer3. disponível em

http://www-genome.wi.mit.edu/cgi-bin/primer/primer3.cgi/primer3_www.cgi

Ryskova, A.P., Jincharadze, A.G., Prosnayak, M.I., Ivanov, P.L. e Limboraska, S.A. (1988). M 13 phage DNA as a universal marker for DNA fingerprint of animals, plants and microorganisms, *FEBS Lett* 233: 388-392.

Saghai, M.A., Biyashev, R.M., Yang, G.P., Zhang, Q. e Allard, R.W. (1994). Polimorfismo extraordinário do ADN microssatélite em Mal: Diversidade de espécies, localizações cromossómicas e dinâmica populacional. *Proc.Natl. Acad. Sci. USA.* 91: 54665470.

Saito, A., Yano, M., Kishimoto, N., Nakahara, M., Yoshimura, A., Saito, K., Kuhara, Y., Ukai, M., Kawase, M., Nagamine, T., Yoshimura, S., Ideta, O., Ohsawa, R., Hayano, Y., Iwata, N., Sugiura, M. (1991). Linkage map of restriction fragment length polymorphism loci in rice. *Jpn J. Breed.* 41: 665-670.

Salimath, S.S., De-Olivier, A.C., Godwin, I.D. e Bennetzen, J.L. (1995). Avaliação das origens do genoma e da diversidade genética no género Eleusine com marcadores de ADN. *Genome.* 38: 757-763.

Sanchez dela Hoz, M.P., Davila, J.A., Loarce, Y., e Ferrer, E. (1996). Primers de repetição de sequência simples utilizados em amplificações da reação em cadeia da polimerase para estudar a diversidade genética da cevada. *Genoma* 39: 112-117.

Sanguineti, M.C., Tuberosa, R., Landi, P., Salvi, S., Maccaferri, M., Casarini, E. e Conti, S. (1999). Análise de QTL de caraterísticas relacionadas com a seca e rendimento de grãos em relação à variação genética da concentração foliar de ácido abscísico em milho cultivado no campo. *Journal of Exptl. Bot.* 50: 1289-1297.

Sax, K. (1923). The assciation of size differences with seed-coat pattern and pigmentation in *Phaseolus vulgaris. Genetics* 8: 552-560.

Schachermayr, G., Siedler, H., Gale, M.D., Winzeler, H., Winzeler, M. e Keller, B. (1994). Identificação e localização de marcadores moleculares ligados ao gene lr9 de resistência à ferrugem do trigo. *Theor. Appl. Genet.* 40: 176-179.

Schubert, R., Mueller-Starck, G., Riegel, R. (2001). Desenvolvimento de marcadores EST-PCR e monitorização da sua variação genética intrapopulacional em Picea abies (L.) Karst. *Theor. Appl. Genet.* 103: 1223-1231.

Senior, M.L. e Heun, M. (1993). Mapeamento de microssatélites de milho e confirmação da reação em cadeia da polimerase das repetições visadas utilizando um iniciador CT. *Genome.* 36: 884-889.

Stuber, C.W., Edwards, M.D. e Wendel, J.E. (1987). Investigações facilitadas por marcadores moleculares de loci de caraterísticas quantitativas em milho. II. Factores que influenciam a produção e as caraterísticas que a compõem. *Crop Sci.* 27: 639-648.

Sun, C.Q., Wang, X.K., Li, Z.C., Yoshimura, A., e Iwata, N. (2001). Comparação da diversidade genética do arroz selvagem comum (*Oryza sativa* L.). *Theor. Appl. Genet.* 102: 157162.

Swathi, S.P., Gupta, V.S., Aggarwal, R.K., Ranjekar, P.K. e Brar, D.S. (2000). Genetic diversity and phylogenetic relationship as revealed by inter simple sequence repeat (ISSR) polymorphism in the genus Oryza. *Theor. Appl. Genet.* 100: 1311-1320.

Tanksley, S.D. (1993). Mapping polygenes. *Annu. Rev. Genet.* 27: 205-233.

Tanksley, S.D. e Hewitt, J. (1988). Utilização de marcadores moleculares no melhoramento para o teor de sólidos solúveis no tomate. A re-examination. *Theor Appl. Genet.* 75: 811-819

Tanksley, S.D., Young, N.D., Paterson, A.H. e Bonierbale, M.W. (1989). Mapeamento RFLP no melhoramento de plantas: New tool for an old science. *Bio Technology.* 7: 257-264.

Tanksley. S.D. e Orton, T. J. (1983). Isozymes in plant genetics and breeding, Parts 1A and 1B. Elsevier, Amesterdão.

Taramino, G., Tarchini, R., Ferrario, S., Lee, M., Pe, M.E. (1997). Caracterização e mapeamento de repetições de sequências simples (SSRs) em *Sorghum bicolor. Theor. Appl. Genet.* 95: 66-72.

Taramino,G. e Tingey, S. (1996). Repetições de sequências simples para análise de germoplasma e mapeamento em milho. *Genoma* 39: 277-287.

Temesgen, B., Brown, G. R., Harry, D. E., Kinlaw ,C. S., Sewell, M. M. e Neale, D. B. (2001). Mapeamento genético de marcadores de polimorfismo de etiquetas de sequência expressa (ESTP) em pinheiro bravo (*Pinus taeda* L.). *Theor. Appl. Genet.* 102: 664-675.

Temnykh, S., Declerck, G., Lukashova, A., Lipovich, L., Cartinhour, S., e McCouch, S.R. (2001). Análise computacional e experimental de microssatélites em arroz (*Oryza sativa* L.): frequência, variação do comprimento, associações de transposões e potencial de marcadores genéticos. *Genome Res.* 11: 1441-1452.

Temnykh, S., Park, W.D., Ayres, N., Cartinhour, S., Hauch, N., Lipovich, L., Cho,Y.G., Ishii, T., e

McCouch, S.R. (2000). Mapeamento e organização do genoma de sequências de microssatélites em arroz (*Oryza sativa* L.). *Theor. Appl. Genet.* 100: 697 - 712.

Thanh, N. D., Zheng, H. G., Dong, N. V., Trinh, L. N., Ali, M. L., e Nguyen, H. T., (1999). Variação genética na morfologia da raiz e nos loci de ADN microssatélite em arroz de terras altas (*Oryza sativa* L.) do Vietname. *Euphytica*. 105: 43-51.

Thoday, J.M. (1961). Location of polygenes. *Nature* 191: 368-370.

Thomas, C. M., Vos, P., Zabeau, M., Jones, D. A., Norcott, K. A., Chadwick, B. P., Jones, J. D. G. (1995). Identificação de marcadores de polimorfismo de fragmentos de restrição amplificados (AFLP) fortemente ligados ao gene Cf-9 do tomateiro para resistência a *Cladosporium fulvum*. *The Plant Journal* 8: 785-794

Thompson, J. N. (1975). Variação quantitativa e número de genes. *Nature* 258: 665-668.

Toorchi. M., Shashidhar, H.E., Gireesha, T.M., e Hittalmani. S. (2003). Desempenho de retrocruzamentos envolvendo linhas haplóides duplas transgressoras em regimes de humidade contrastantes no úbere do arroz: componentes de rendimento e heterozigotia de marcadores. *Crop Sci.* 43: 1448-1456.

Torres, A.M., Weeden, N.F., e Martin, A. (1993). Ligação entre marcadores isozyme, RFLP e RAPD em Vicia faba. *Theor. Appl. Genet.* 85: 937-945.

Tripathy, J. N., Zhang, J., Robin, S., Nguyen, T.T. e Nguyen, H. T. (2000). QTLs para estabilidade da membrana celular mapeados em arroz (*Oryza sativa* L.) sob stress de seca. *Theor. Appl. Genet.* 100: 1197-1202.

Umeda, M., Hara, C., Matsubayashi, Y., Li, H., Liu, Q., Tadokoro, F., Aotsuka, S., e Uchimiya, H. (1994). Expressed sequence tags from cultured-cells of rice (*Oryza sativa*) under stressed conditions analysis of transcripts of genes engaged in ATP-generating pathways. *Plant Mol. Biol.* 25: 469-478.

Van de Ven, W.T.G., Waugh, R., Duncan, N., Ramsay, G., Dow, N. e Powell, W. (1991). Desenvolvimento de um mapa de ligação genética em *Vicia faba* utilizando técnicas moleculares e bioquímicas. *Aspects Appl Biol* 27 : 49-54

Vassart, G., Georges, M., Monsieuer, R., Brocas, H., Lequarre, A.S. e Christophe, D. (1987). Uma sequência do fago M 13 detecta minissatélites hipervariáveis no ADN humano e animal. *Science.* 235: 683-684.

Venuprasad, R, Shashidhar, H.E., Hittalmani, S. e Hemamalini, G.S (2002). Marcação de loci de caraterísticas quantitativas associados ao rendimento de grãos e a caraterísticas morfológicas da raiz em arroz (*Oryza sativa* L.) sob regimes de humidade contrastantes. *Euphytica* 128, 293-300.

Vierling, R.A., Xiang, Z., Joshi, C.P., Gilbert, M.L., Nguyen, H.T. (1994). Genetic diversity among elite sorghum lines revealed by restriction fragment length polymorphisms and random amplified polymorphic DNAs. *Theor. Appl. Genet.* 87: 816-820.

Virk, S. P., Ford-lloyd, V.B., Jackson, M.T., Pooni, S. H., Clemeno, T.P., e Newbury, H.J. (1996). Predicting quantitative variation within rice germplasm using molecular markers (Previsão da variação quantitativa no germoplasma de arroz utilizando marcadores moleculares). *Hereditariedade* 76: 296-304.

Vos, P., Hogers, R., Bleeker, M., Reijans, M., Van de Lee, T., Horens, M., Frijters, A., Pot, J., Peleman, J., Kuiper, M. e Zabeau, M. (1995). AFLP: uma nova técnica de impressão digital de ADN. *Nucleic Acids Res.* 23: 4407-4414.

Wang, S., Basten, C. J.,e Zeng, Z-B. (2001-2004). Windows QTL Cartographer 2.0.

Departamento de Estatística, Universidade Estadual da Carolina do Norte, Raleigh, NC. (http://statgen.ncsu.edu/qtlcart/WQTLCart.htm).

Wang, Y., Georgi, L.L., Zhebentyayeva, T. N., Reighard, G.L., Scorza, R, e Abbott. A. G. (2002). Desenvolvimento de marcadores SSR direcionados de alto rendimento em pêssego (*Prunus persica*). ***Genoma*** 45: 319-328

Weller, J. I. (1987). Cartografia e análise de loci de caraterísticas quantitativas em Lycopersicon (tomate) com a ajuda de marcadores genéticos utilizando métodos aproximados de máxima verosimilhança. *Hereditariedade* 59 413-421.

Williams, J.G.K., Kubelik, A.R., Livak, K.J., Rafalski, J.A. e Tingey, S.V. (1990). Os polimorfismos de ADN amplificados por iniciadores arbitrários são úteis como marcadores genéticos. *Nucl. Acid. Res.* 18: 6531-6535.

Wu, K. S. e S. D. Tanksley, (1993). Abundância, polimorfismo e mapeamento genético de microssatélites em arroz. *Mol. Gen. Genet.* 241: 225-35.

Wu, P., Hu, B., Yi, K.K. e Liao, C.Y. (2000). QTLs e epistasia para tolerância à toxicidade de Al em arroz em diferentes estágios de plântulas. *Theor. Appl Genet* 100:1295-1303.

Wu, P., Zhang, G. e Huang, N. (1996). Identificação de QTLs que controlam caracteres quantitativos em arroz usando marcadores RFLP. *Euphytica* 89: 349-354.

www.ncbi.nlm.nih.gov

Xiao, J., Grandillo, S., Ahn, S.A., McCouch, S.R., Tanksley, S.D., Li, J. e Yuan, L. (1996). Genes do arroz selvagem melhoram o rendimento. *Nature.* 384: 223-224.

Xiao, J., Li, J., Yuan, L. e McCouch, S.R. (1996). Diversidade genética e sua relação com o desempenho híbrido e a heterose no arroz, revelada por marcadores baseados em PCR. *Theor. Appl. Genet.* 92: 637-643.

Xiao, J., Li, J., Yuan, L. e Tnaksley, S.D. (1996). Identificação de QTLs que afectam caraterísticas de importância agronómica numa população de raça pura recombinante derivada de um cruzamento subespecífico de arroz. *Theor. Appl. Genet.* 92: 230-244.

Xu, K., Xu, X., Ronald, P. C., Mackill, D. J. (2000). Um mapa de ligação de alta resolução da vizinhança do locus Sub1 de tolerância à submersão do arroz. *Mol. Gen. Genet.* 263: 681-689.

Xu, Y., Shen, Z., Chen, Y. e Zhu, L. (1995). Mapeamento molecular de loci de caraterísticas quantitativas que controlam caracteres componentes da produção utilizando um método de máxima verosimilhança em arroz (*Oryza sativa* L.). *Chines J. Genet.* 22: 37-42.

Xu, Y., Zhu, L., Xiao, J., Huang, N., e McCouch, S. R., (1997). Regiões cromossómicas associadas à distorção da segregação de marcadores moleculares em populações F2, retrocruzadas, duplamente haplóides e recombinantes de arroz (*Oryza sativa* L.). *Mol. Gen. Genet.* 253: 535-545.

Yadav, R.S., Courtois, B. e Huang, N. (1997). Mapeamento de genes que controlam a morfologia da raiz numa população haploide dupla de cruzamento indica x japonica de arroz. *Theor. Appl. Genet.* 94: 619-632.

Yamamoto, K. e Sasaki, T. (1997). Sequenciação de ESTs em grande escala em arroz. *Plant Mol. Biol.* 35: 135-144.

Yang, N. e Tanksley, S.D. (1989). Análise RFLP do tamanho dos segmentos cromossómicos retidos em torno dos loucos *Tm-2* do tomate durante o retrocruzamento. *Theor. Appl. Genet.* 77: 353-359.

Yang, W., De-Oliveira, A.C., Godwin, I., Schertz, K. e Bennetzen, J.L. (1996). Comparação de tecnologias de marcadores de ADN na caraterização da diversidade do genoma vegetal: variabilidade em sorgo chinês. *Crop Sci.* 36 : 1669-1676.

Yu, L.X. e Nguyen, H.T. (1994). Variação genética detectada com marcadores RAPD entre cultivares de arroz de terras altas e de terras baixas (*Oryza sativa* L.). *Theor. Appl. Genet.* 87: 668-672.

Yu, L.X., Ray, J.D., O'Toole, J.C., e Nguyen, H.T. (1995). Utilização de camadas de cera-petrolato para o rastreio da penetração das raízes do arroz. *Crop Sci.* 35:684-687.

Zabeau, M. e Vos, P. (1993). Amplificação selectiva de fragmentos de restrição, um método geral para a recolha de impressões digitais de ADN. Pedido de patente europeia n.º 0534858 A1.

Zhang, J., Zheng, H.G., Aarti, A., Pantuwan, G., Nguyen, T.T, Tripathy, T.N., Sarial, A.K., Robin, S., Babu, R.C., Nguyen, D.B., Sarkarung, S., Blum, A., Nguyen, H.T. (2001) Locating genomic regions associated with components of drought resistance in rice: comparative mapping within and across species. *Theor. Appl. Genet.* 103:19-29.

Zhang, Q e Yu, S. (2001). Marcação genética baseada em marcadores moleculares e seu impacto no melhoramento do arroz. 18th IRC p241-270.

Zhao, X. e Kochert, G. (1992). Caracterização e mapeamento genético da sequência de ADN intercalado curto e altamente repetido do arroz (*Oryza sativa* L.). *Mol. Gen. Genet.* 23: 1353-1359.

Zheng, H., Babu, R.C., Pathan, M. S., Ali, L., Huang. N., Courtois, B. e Nguyen H.T. (2000) Quantitative trait loci for root penetration ability and root thickness in rice: Comparação de antecedentes genéticos. *Genoma* 43: 53-61.

Zhi-Kang, L. (2002). Mapeamento de QTLs em arroz: algumas considerações críticas. Em 4th Simpósio Internacional de Genética do Arroz, IRRI, Filipinas, pp. 153-171.

Zhuang, J.Y., Lin, H.X., Lu, J., Qian, H.R., Hittalmani, S., Huang, N., e Zheng, K.L. (1997). Análise da interação QTL X ambiente para componentes do rendimento e altura da planta em arroz. *Theor. Appl. Genet.* 95: 799-808.

Zietkiewicz, E., Rafalski, A. e Labuda, D. (1994). Genome fingerprinting by simple sequnce repeat (SSR) anchored polymerase chain reaction amplification. *Genómica* 20: 176-183.

Printed by Books on Demand GmbH, Norderstedt / Germany